Issa Sakho

Fonctionnement d'un écosystème de mangrove en domaine tropical sec

AF092407

Issa Sakho

Fonctionnement d'un écosystème de mangrove en domaine tropical sec

Forçages climatiques et anthropiques, processus hydrosédimentaires, dynamique de flèche littorale, Somone, Sénégal

Presses Académiques Francophones

Impressum / Mentions légales
Bibliografische Information der Deutschen Nationalbibliothek: Die Deutsche Nationalbibliothek verzeichnet diese Publikation in der Deutschen Nationalbibliografie; detaillierte bibliografische Daten sind im Internet über http://dnb.d-nb.de abrufbar.
Alle in diesem Buch genannten Marken und Produktnamen unterliegen warenzeichen-, marken- oder patentrechtlichem Schutz bzw. sind Warenzeichen oder eingetragene Warenzeichen der jeweiligen Inhaber. Die Wiedergabe von Marken, Produktnamen, Gebrauchsnamen, Handelsnamen, Warenbezeichnungen u.s.w. in diesem Werk berechtigt auch ohne besondere Kennzeichnung nicht zu der Annahme, dass solche Namen im Sinne der Warenzeichen- und Markenschutzgesetzgebung als frei zu betrachten wären und daher von jedermann benutzt werden dürften.

Information bibliographique publiée par la Deutsche Nationalbibliothek: La Deutsche Nationalbibliothek inscrit cette publication à la Deutsche Nationalbibliografie; des données bibliographiques détaillées sont disponibles sur internet à l'adresse http://dnb.d-nb.de.
Toutes marques et noms de produits mentionnés dans ce livre demeurent sous la protection des marques, des marques déposées et des brevets, et sont des marques ou des marques déposées de leurs détenteurs respectifs. L'utilisation des marques, noms de produits, noms communs, noms commerciaux, descriptions de produits, etc, même sans qu'ils soient mentionnés de façon particulière dans ce livre ne signifie en aucune façon que ces noms peuvent être utilisés sans restriction à l'égard de la législation pour la protection des marques et des marques déposées et pourraient donc être utilisés par quiconque.

Coverbild / Photo de couverture: www.ingimage.com

Verlag / Editeur:
Presses Académiques Francophones
ist ein Imprint der / est une marque déposée de
OmniScriptum GmbH & Co. KG
Heinrich-Böcking-Str. 6-8, 66121 Saarbrücken, Deutschland / Allemagne
Email: info@presses-academiques.com

Herstellung: siehe letzte Seite /
Impression: voir la dernière page
ISBN: 978-3-8416-2511-3

Copyright / Droit d'auteur © 2013 OmniScriptum GmbH & Co. KG
Alle Rechte vorbehalten. / Tous droits réservés. Saarbrücken 2013

FONCTIONNEMENT D'UN ECOSYSTEME DE MANGROVE EN DOMAINE TROPICAL SEC :

Forçages climatiques et anthropiques, processus hydrosédimentaires et géochimiques, dynamique de flèche littorale – Lagune, Somone, Sénégal

Dr. Issa SAKHO

Discipline : **Géologie**

Spécialité : **Hydrosédimentologie marine-côtière**

Dédicace :

A

Papa et Maman,

Reposez-vous en paix. Puisse Allah vous accueillir dans son paradis, Amen.

Cette thèse s'inscrit dans la collaboration franco-sénégalaise entre l'Université de Rouen (France) et l'Université Cheikh Anta Diop de Dakar (Sénégal), soutenue par la convention cadre n°42/SRI/03 de coopération internationale.

Ce travail est le fruit du projet HySo « Hydrosédimentologie de l'estuaire de la Somone » coordonné par le Dr. Valérie Mesnage. Il a été réalisé dans le cadre d'une thèse en co-tutelle entre l'Université de Rouen (France) et l'Université de Cheikh Anta Diop de Dakar (UCAD, Sénégal), financée par le Centre National de la Recherche Scientifique (CNRS, France) pour une durée de 3 ans (Bourse de Doctorat Ingénieur CNRS).

Cette étude a bénéficié également du soutien financier du laboratoire UMR 6143 M2C (Morphodynamique Continentale et Côtière), de la Fédération de Recherche SCALE (Sciences Appliquées à l'Environnement), du Service des Relations Internationales de l'Université de Rouen. Je remercie vivement le CNRS et tous les partenaires financiers cités ci-dessus.

Je remercie également les différentes personnes ayant contribuées à la réalisation du projet de recherche HySo :
- Le comité de direction de la thèse : Pr. Robert Lafite, Pr. Isabelle Niang, Dr. Valérie Mesnage, Dr. Guilgane Faye et Dr. Julien Deloffre
- Les rapporteurs et examinateurs de la thèse : Pr. Patrick Lesueur (Président, examinateur), Pr. J. Edward Anthony (rapporteur), Pr.

Alioune Kane (rapporteur), Dr. Cyril Marchand (chercheur IRD en Nouvelle Calédonie, examinateur)
- Les départements de Géologie de l'UCAD et de l'IFAN (Pr. Sérigne Faye, Pr. Ablaye Faye, M. Moussa Sow, M. Babacar Diop, Dr. Edmond Dioh et M. Mbaye)
- Le département de Géographie de l'UCAD (Pr. Alioune Kane, Dr. Awa Niang-Fall).
- Le Centre de Suivi Ecologique de Dakar (Dr. Moussa Sall et M. Taïbou Bâ)
- La Direction des Travaux Cartographiques et Géographiques du Sénégal (M. Moustapha Ndour)
- M. Mamadou Konaté (GIRMAC)
- Touré dit Zizou, Abdoulaye Ndour, Abdoulaye Sakho, Babacar Faye, Clément Pétro, Souleymane Sakho, Ousmane Diao, Assane Ndiaye, Djiby Ndiaye, Ousmane Ndour, Karime Sakho, Pape Waly Faye et Thiam le taximan pour leur aide sur le terrain.

SOMMAIRE

INTRODUCTION 12

CHAPITRE I. CADRE CADRE DE L'ETUDE 18

    I   Fonctionnement des écosystèmes de mangrove 23

    II   Le site d'étude 27

        II.1.   Caractéristiques de la zone côtière 27

            II.1.1.   Formations géologiques 27

            II.1.2.   Morphologie littorale 30

            II.1.3.   Circulation océanique 31

            II.1.4.   Circulation atmosphérique 33

            II.1.5.   Hydrodynamique littorale 34

        II.2.   Caractéristiques du bassin versant et de l'écosystème de la Somone 37

    III   Conclusions 44

CHAPITRE II. MATERIELS ET METHODES 46

    I   Stratégie d'étude 49

        I.1.   Calendrier des travaux : campagnes de terrain et acquisition de données 49

        I.2.   Sites ateliers 51

    II   Techniques d'échantillonnage et de suivi 52

        II.1.   Echantillonnage pour les cartes sédimentaires 52

        II.2.   Reconnaissance du niveau de la nappe 53

        II.3.   Suivis topométriques 53

            II.3.1.   Levés topographiques par théodolite 53

            II.3.2.   Suivis topographiques par la technique des piquets 55

            II.3.3.   Suivis topographiques par altimétrie (ALTUS) 56

        II.4.   Suivis de la physico-chimie des eaux de surface 59

        II.5.   Mesures in situ du pH, du redox (Eh) et de la température des sédiments 60

        II.6.   Echantillonnage des eaux interstitielles 61

            II.6.1.   Echantillonnage par carottage et centrifugation 61

II.6.2. Echantillonnage par la technique des dialyseurs 62
III Techniques analytiques 65
  III.1. Analyses spatiales par Systèmes d'Information Géographique (SIG) 65
    III.1.1. Le set de données 65
    III.1.2. Etude diachronique des données spatiales 66
    III.1.3. Cartographie par interpolation rasteur 68
  III.2. Analyses physico-chimiques et sédimentaires 68
    III.2.1. Analyse des cations et des anions 68
    III.2.2. Analyse du Carbone organique dissous 69
    III.2.3. Analyse géochimique de la matière organique particulaire 69
    III.2.4. Analyses sédimentaires 71
  III.3. Développement méthodologique : Estimation d'un temps d'équilibration optimal des dialyseurs en domaine de mangrove sous contrainte climatique. 74
IV Conclusions 80

CHAPITRE III. EVOLUTION DE LA MANGROVE DE LA SOMONE DEPUIS 60 ANS 82
  I Synthèse de l'analyse diachronique 84
    I.1. Evolution de la pluviométrie au cours de la période 1931-2009 85
    I.2. Evolution des surfaces de mangrove 86
    I.3. Morphodynamique de la flèche sableuse 88
    I.4. Occupation humaine et activités socio-économiques 88
    I.5. Conclusions 89
  II Dynamique de la mangrove de Somone entre 1946 et 2006 (Sakho *et al.*, 2011, Estuarine, Coastal and Shelf Science) 90

CHAPITRE IV. MOBILITE DE LA FLECHE SABLEUSE A L'EMBOUCHURE DE LA SOMONE 118
  I Dérive littorale et transport sédimentaire le long de la Petite Côte 122
  II Analyse des régimes de vent pendant la période d'étude 124

III   Evolution annuelle de la flèche sableuse 128
    III.1.   Analyse des mouvements sédimentaires 128
    III.2.   Bilans quantitatifs des mouvements sédimentaires 138
    III.3.   Analyses granulométriques 139
    III.4.   Schéma de fonctionnement annuel de la flèche sableuse de Somone 143
IV   Evolution pluri-décennale du littoral sableux de la Somone 147
    IV.1.   Evolution morphodynamique du cordon sableux 147
    IV.2.   Dynamique de la flèche 149
        IV.2.1.   Les indices morphologiques 149
        IV.2.2.   Analyse du vent sur la période 1980 - 2004 151
    IV.3.   Mobilité de l'embouchure de la Somone 152
V   Variations naturelles et impacts anthropiques sur l'évolution sédimentaire de la flèche de Somone 156
VI   Conclusions 157

CHAPITRE V. FONCTIONNEMENT HYDRO-SEDIMENTAIRE ET GEOCHIMIQUE DE L'ECOSYSTEME LAGUNO-ESTUARIEN A L'ECHELLE SAISONNIERE 160

I   Physico-chimie des eaux de surface 163
    I.1.   Evolution saisonnière de la température 163
    I.2.   Evolution saisonnière du gradient de salinité 164
    I.3.   Evolution pluriannuelle du gradient de salinité 167
    I.4.   Evolution saisonnière du pH 170
II   Couverture sédimentaire de l'écosystème laguno-estuarien 171
    II.1.   Caractérisation de la distribution sédimentaire 171
        II.1.1.   Le gradient sédimentaire 171
        II.1.2.   Les fractions granulométriques 173
    II.2.   Evolution saisonnière 175
III   Dynamique sédimentaire haute fréquence de la vasière 176
    III.1.   Evolution topographique annuelle des zones de vasière 176

III.2. Evolution topographique haute fréquence de la vasière 178
III.3. Impact du vent sur les processus d'érosion 180
III.4. Synthèse 182
IV Caractérisation géochimique des sédiments 183
    IV.1. Analyse physico-chimique des eaux interstitielles de la vasière .. 183
        IV.1.1. Caractéristiques physiques (température, pH, Eh) 183
        IV.1.2. Caractérisation chimique 185
    IV.2. Dynamique de la matière organique dans une mangrove jeune sous climat tropical sec, Somone, Sénégal (article soumis) 188
V Conclusions 227
CONCLUSIONS GENERALES ET PERSPECTIVES 228
REFERENCES BIBLIOGRAPHIQUES 236
TABLE DES ILLUSTRATIONS 258
LISTE DES TABLEAUX 266

INTRODUCTION

Les mangroves ont longtemps été considérées comme des milieux hostiles et insalubres. Toutefois, leur position d'interface entre terre et océan leur confère un domaine d'étude très intéressant avec des problématiques diverses et variées. Les nombreux travaux réalisés sur leur répartition mondiale (Tomlinson, 1986 ; Blasco, 1991 ; Spalding et al., 1997), leurs fonctions écologiques et environnementales (Saad et al., 1999 ; Schaffelke et al., 2005 ; Wolanski, 2007 ; Dahdouh-Guebas et Koedam, 2008 ; Nagelkerken et al., 2008) mais aussi leurs potentialités socio-économiques (Kermarrec et Salvat, 1978 ; Bacon et Alleng, 1992 ; Chong et al., 1996 ; Rasolofo, 1997 ; Walters et al., 2008) ont montré que la mangrove est un écosystème très riche avec une forte valeur écologique, économique et sociale.

La péjoration climatique qui a frappé les régions sahéliennes, notamment le Sénégal, depuis les années 1970 s'est traduite par une baisse très importante des précipitations en durée et en volume entrainant ainsi un déficit et un stress hydriques sans précédent (caractère temporaire du régime des cours d'eau, hyper salinisation et bouleversement de l'équilibre écologique des mangroves). Ce phénomène a suscité des questions portant sur la quantification de l'impact de cette variabilité climatique (sécheresse) sur l'évolution des surfaces de mangrove (Marius, 1985 ; Pagès and Citeau, 1990 ; Diop, 1990 ; Marius, 1995, Diouf, 1996 ; Diop et al., 1997). Ces travaux ont également été menés dans d'autres régions à travers le monde (Lebigre et Marius, 1985 ; Lebigre et al., 1997 ; Sam et Ridd, 1998). Certains auteurs ont mis en évidence l'impact des activités anthropiques (fermes ostréicoles et aquacoles, casiers rizicoles, urbanisation) sur la réduction des surfaces de mangrove à l'échelle mondiale (Aboudha et Kairo, 2001 ; Valiela et al., 2001 ; FAO, 2007).

Depuis le début des années 1990, nous assistons à une amélioration des conditions pluviométriques (Nicholson, 2005 ; Fall et al., 2006) mais, surtout à une réelle prise de conscience de la nécessité de restaurer et de protéger les écosystèmes de mangrove à travers le monde (Field, 1999 ; Kairo et al., 2001 ; Perry and Berkeley, 2009) et également au Sénégal (Diop et al., 1997 ; Kaly, 2001). De vastes campagnes de reboisement de mangrove ont été lancées par les pouvoirs publics sénégalais, les institutions privées et des associations

(UICN, les Amis de la Nature, Oceanium, Kër Cupaam) en relation avec les populations locales.

Par ailleurs, dans un contexte de réchauffement climatique et de la problématique de stockage du carbone dans les environnements sédimentaires, les mangroves sont perçues comme des zones potentielles à explorer. Cette nouvelle orientation impute à l'écosystème mangrove, un intérêt scientifique majeur (Cadamuro, 1999 ; Marchand, 2003 ; Marchand et al., 2008 ; Kristensen et al., 2008).

L'étude de l'écosystème laguno-estuarien de la Somone qui fait l'objet de cette thèse s'inscrit dans cette démarche scientifique de compréhension et de quantification du fonctionnemt global des mangroves. Ce système a été très peu étudié malgré sa forte biodiversité (palétuviers, peuplements benthiques et pélagiques) mais aussi sa forte dimension socio-économique (une des principales stations balnéaires du Sénégal, forte diversité et attractivité des activités liées au tourisme, forte pression foncière avec une industrie immobilière en plein expansion). Cet écosystème a subi au cours du temps des modifications importantes : dégradation de la mangrove, fermetures temporaires de l'embouchure, dégradation des pêcheries, accentuation du phénomène d'érosion côtière. Depuis quelques années, au regard de la dégradation environnementale récente (baisse des ressources côtières, érosion côtière menaçant aussi les implantations humaines) et de la crise socio-économique (baisse des rendements, disparition de certaines activités génératrices de revenus et surtout l'émergence d'un nouveau modèle de mise en valeur de l'espace) ayant frappé tout le littoral de la Petite Côte, a été initié au Sénégal un programme de Gestion Intégrée des Ressources Marines et Côtières (GIRMAC). La Somone et son bassin versant sont l'un des sites d'application de ce programme (Diop et Konaté, 2005). Malgré sa taille restreinte (7 km^2), cet écosystème constitue un site atelier idéal pour aborder et étudier les mécanismes typiques de ces milieux côtiers de mangrove sous climat tropical sec.

Objectifs de la recherche

L'objectif de cette thèse est de **comprendre les facteurs d'évolution de l'écosystème laguno-estuarien de la Somone et son fonctionnement hydro-sédimentaire actuel.**

La stratégie d'étude repose sur deux approches temporelles distinctes mais complémentaires, le pluri-décennal et l'annuel :

- **Détermination de l'évolution morphologique de l'écosystème à l'échelle de 60 ans par une analyse diachronique ;**
- **Compréhension et quantification du fonctionnement hydro-sédimentaire actuel du système laguno-estuarien à l'échelle annuelle**

La première approche permettra de quantifier la dynamique spatio-temporelle de toutes les unités morphologiques de l'écosystème sur une période de 60 ans (1946 – 2006). On s'intéressera également à l'évolution temporelle des forçages naturels et anthropiques qui ont imprimé à l'écosystème cette évolution morphologique. La seconde approche sera développée notamment sur deux sites ateliers (la flèche sableuse et la vasière). Elle sera consacrée à l'étude des processus actuels, hydro-sédimentaires et géochimiques qui gouvernent le fonctionnement de l'écosystème de la Somone en prenant en compte le contraste saisonnier (saison sèche / saison humide).

Le présent manuscrit analyse ces deux approches avec une structuration en 5 chapitres :

❖ **Le premier chapitre** définit le cadre de l'étude en deux parties distinctes. La première fait un état de l'art sur le fonctionnement des écosystèmes de mangrove. La deuxième décrit les caractéristiques du milieu physique de la zone d'étude.

❖ **Le second chapitre** présente les matériels et méthodes utilisés. Il passe donc en revue la stratégie d'étude ainsi que l'ensemble des techniques expérimentales et analytiques mises en œuvre pour atteindre les objectifs assignés.

❖ **Le troisième chapitre** est une reconstitution de l'histoire morphologique de l'estuaire depuis un passé récent (1946-2006). Il présente la dynamique spatio-temporelle des unités morphologiques de l'estuaire, avec un intérêt particulier pour la forêt de mangrove. Les facteurs naturels et anthropiques qui induisent sa dynamique spatio-temporelle sont présentés et discutés.

❖ **Le quatrième chapitre** est consacré à l'étude de la mobilité de l'embouchure de la Somone. Deux échelles d'analyse sont ainsi privilégiées : l'échelle pluridécennale pour observer des évolutions long-terme et l'échelle annuelle afin de quantifier les processus actuels d'érosion et de dépôt sur la flèche sableuse.

❖ **Le cinquième chapitre** fait état du fonctionnement hydro-sédimentaire et géochimique actuel de l'écosystème. Deux compartiments sont privilégiés : la colonne d'eau et le sédiment. Leur caractérisation chimique, géochimique et sédimentologique, à l'échelle annuelle, permettra de comprendre le fonctionnement du système.

A terme, ces résultats seront une contribution à la connaissance des habitats de mangrove et de leur fonctionnement afin de permettre leur restauration et leur préservation durable.

CHAPITRE I.
CADRE DE L'ETUDE

I. Fonctionnement des écosystèmes de mangrove 20-26

II. Site d'étude 26-43

III. Conclusions 43-44

La mangrove est un écosystème spécifique et caractéristique des régions côtières en domaine tropical et subtropical. Parmi les nombreuses définitions proposées dans la littérature scientifique, nous retiendrons celle de Marius (1985) qui définit la mangrove comme « l'ensemble des formations végétales, arborescentes ou buissonnantes, qui colonisent les atterrissements intertidaux marins ou fluviaux des côtes tropicales ». Ces environnements intertidaux sont principalement des estuaires, des deltas et des lagunes côtières en domaines micro, méso et macro-tidaux.

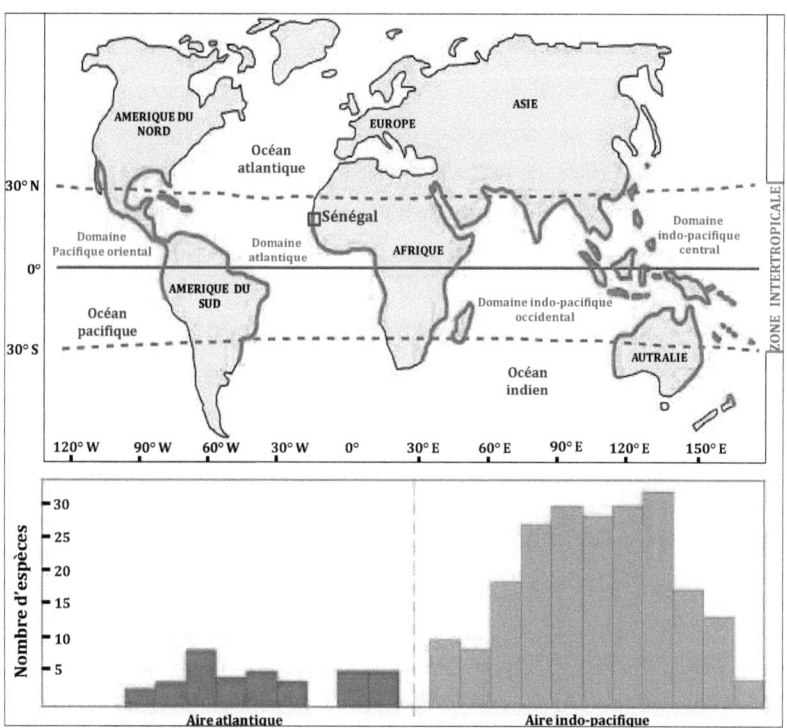

Figure 1 : Distribution mondiale et richesse spécifique de la mangrove (D'après Tomlinson, 1986)

A l'échelle mondiale, les mangroves sont présentes dans 120 pays (FAO, 1994) et sur près de 75 % des côtes tropicales et subtropicales (Day et al., 1987). Elles couvrent environ 100 000 à 181 000 km^2 (Blasco, 1991 ;

Spalding *et al.*, 1997). Les limites latitudinales de la répartition géographique des mangroves (Figure 1) sont définies par des barrières thermiques (isotherme 20°C en janvier dans l'hémisphère nord et en juillet dans l'hémisphère sud) et l'aridité (Blasco et Carayon, 2000 ; Hogarth, 2007). Les facteurs conditionnant leur développement sont le climat à travers la pluviométrie et la température (elle doit être supérieure à 20°C pour le mois le plus froid), la salinité, l'étendue du domaine intertidal, une côte non rocheuse et protégée de la houle (Lebigre *et al.*, 1989 ; Guiral, 1994 ; Rey and Rutledge, 2002).

Les mangroves regroupent environ 54 espèces végétales et sont présentes sur deux grandes aires aux compositions floristiques bien distinctes (Figure 1, Tomlinson, 1986):

✓ L'aire atlantique est composée d'une dizaine d'espèces : exemple des mangroves de la Floride, de la Guyane, du Sénégal, du Cameroun,...

✓ L'aire indo-pacifique est constituée d'une quarantaine d'espèces et peut être subdivisée en trois domaines (Lebigre, 2004) : le domaine pacifique oriental (Californie, Mexique), le domaine indo-pacifique central (Indonésie, Malaisie, Papouasie Nouvelle Guinée, Thaïlande) et le domaine indo-pacifique occidental (Afrique de l'Est, Mer Rouge, Madagascar, Inde occidentale). Les deux grandes familles de mangrove les plus répandues sont les Avicenniacées et les Rhizophoracées. Les espèces sont appelées palétuviers.

L'écosystème de mangrove se caractérise principalement par un environnement physique aux conditions drastiques et très sélectives à la fois pour la faune et la flore : variation de salinité, instabilité du substrat, anoxie des sédiments due à une hydromorphie permanente. Afin de survivre dans de telles conditions, les palétuviers ont développé des stratégies d'adaptations morphologiques et physiologiques spécifiques à travers un système racinaire aérien. Les racines échasses des Rhizophoracées (Figure 2. A) sont des racines adventives c'est-à-dire qu'elles peuvent être issues des troncs et des branches à l'air libre avant de pénétrer le sol pour se fixer et se maintenir. Elles assurent ainsi la stabilité des arbres. Les échanges gazeux avec l'atmosphère se font à travers les nombreuses lenticelles du système racinaire. L'adaptation aux fortes salinités est assurée par une membrane racinaire qui filtre le sel et maintient une pression osmotique interne hautement négative autorisant l'absorption de l'eau (Smith et Snedaker, 1995). Elle permet également une réduction locale des concentrations en sulfures (Nickerson et Thibodeau, 1985). Les pneumatophores (racines des Avicenniacées), système racinaire à géotropisme négatif, sortent perpendiculairement à la surface du sédiment et se développent à l'air libre (Figure 2. B). Les nombreuses lenticelles permettent les échanges gazeux avec l'atmosphère. Le sel est excrété par l'intermédiaire des glandes foliaires et se cristallise à la surface des feuilles par évaporation.

Figure 2 : Photographie de *Rhizophora* et *Avicennia* (Somone, janvier 2011)

Les mangroves représentent l'un des écosystèmes naturels les plus productifs de la planète (Spalding *et al.*, 1997 ; FAO, 2007). Au plan socio-économique, l'écosystème mangrove procure aux sociétés humaines du bois d'œuvre et /ou de chauffage, du tanin, des substances médicinales (Demagny *et al.*, 1974 ; Kermarrec et Salvat, 1978 ; Bacon et Alleng, 1992 ; Rasolofo, 1997 ; Walters *et al.*, 2008), de la ressource halieutique et du sel (Chong *et al.*, 1996). Elles représentent le biotope idéal pour l'élevage, la reproduction et l'alevinage pour de nombreuses espèces marines (Nagelkerken *et al.*, 2008). Elles constituent une barrière physique et favorisent la protection des côtes par atténuation de l'énergie des houles, des tempêtes et des tsunamis (Mazda *et al.*, 1997 ; Saad *et al.*, 1999 ; Dahdouh-Guebas et Koedam, 2008). Elles permettent également la fixation des sols par le piégeage des sédiments fins (Furukawa et Wolanski, 1996). Les mangroves jouent un rôle essentiel sur la qualité des eaux littorales par filtration des contaminants (Schaffelke *et al.*,

2005). Leur rôle essentiel dans les chaînes trophiques côtières (Wolanski, 2007) constitue une fonctionnalité écologique majeure de l'écosystème mangrove.

Malgré ces multiples fonctions, la mangrove est parmi les écosystèmes les plus menacés de la planète. Le phénomène observable à l'échelle mondiale se traduit par une réduction considérable des surfaces de mangrove avec un taux de recul de 2 % par an (FAO, 2007). Cette réduction est liée à des évolutions naturelles (péjoration climatique) mais aussi aux activités anthropiques (Spalding et al., 1997 ; Valiela et al., 2001 ; FAO, 2007). Les effets conjugués de ces deux facteurs sont à l'origine du déséquilibre écologique et du dysfonctionnement des écosystèmes de mangrove.

I Fonctionnement des écosystèmes de mangrove

Le fonctionnement des mangroves est régi par des lois physiques d'ampleur et de nature variables en fonction des zones géographiques (Blasco, 1991) :

✓ Régularité du régime hydrique : marée, fleuve, précipitations ;

✓ Stabilité du substrat : géomorphologie, tectonique, sédimentation, anthropisation du bassin versant ;

✓ Approvisionnement en nutriments : apports marins, fluviaux et éoliens.

Le climat représente le moteur principal de ces lois qui gouvernent le fonctionnement de l'écosystème mangrove. Dans cette partie nous présenterons deux exemples de fonctionnement en relation avec le contexte climatique.

Les mangroves sous climat équatorial sont caractérisées par un peuplement dense et de grande taille. Elles se développent dans de véritables systèmes estuariens et deltaïques où le mélange eau douce - eau salée s'exerce toute l'année. Les précipitations y sont très fortes avec environ 4 000 mm.an^{-1} à Douala au Cameroun (Baltzer et Lafond, 1971). Le marnage est relativement fort (1,5 à 4 m sur les Bouches du Cameroun) et l'importance des apports fluviaux limite considérablement la progression du front de salinité

(Baltzer et Lafond, 1971). Par conséquent, le gradient de salinité est de type classique : diminution de la salinité des eaux de l'aval vers l'amont. La limite d'extension de la forêt halophile correspond à la limite de l'influence des pleines mers de vive-eau (Baltzer et Lafond, 1971). Les réactions biogéochimiques conduisent à des sols sulfatés acides inhérents à l'environnement de mangrove : milieu anoxique, riche en matières organiques (MO) et en bactéries sulfato-réductrices (Marchand, 2003). L'aspect de la zonation végétale indique bien un milieu aux influences fluviatiles importantes. *Avicennia* est pionnier et se développe en front de mer. Il est suivi par *Rhizophora* et d'autres variétés spécifiques à chaque écosystème. On retrouve à l'arrière du peuplement de mangrove une forêt marécageuse d'eau douce (Baltzer et Lafond, 1971 ; Marius, 1985). Ainsi, la dilution de l'eau de mer selon l'importance des apports fluviatiles reste le facteur principal du fonctionnement des écosystèmes de mangrove sous climat équatorial.

L'écosystème mangrove, sous climat tropical sec à saisons contrastées comme au Sénégal, est pauvre en espèces (Marius, 1995). Le marnage est faible (< 2 m) et l'étendue du domaine intertidal limitée. Les précipitations sont faibles (650 mm/an à Kaolack, au Sénégal, Diop, 1990) et la variabilité spatio-temporelle importante. Ce domaine climatique est touché, depuis les années 1970, par une sécheresse persistante. La sécheresse a eu des conséquences dramatiques sur l'évolution et la qualité des écosystèmes de mangrove, notamment ceux du Sénégal : formes rabougries, accentuation de la tannification (processus de formation des tannes). Le terme « tanne » est emprunté à une langue locale au Sénégal, le Sérère. Il est utilisé pour qualifier des espaces stériles et salés, parfois nus (tanne vif), parfois colonisés par des halophytes (tanne herbu). Le régime des cours d'eau, fortement dépendant du régime des précipitations, ne permet pas un enrichissement de l'écosystème en nutriments et en sédiments fins. La pénétration du front salé est facilitée par le faible dénivelé des bassins hydrographiques et la durée des périodes d'étiage. La salinité peut augmenter d'aval en amont, parfois d'une manière permanente définissant ainsi des systèmes d'estuaires inverses (Diop, 1990). La prédominance des influences marines, conjuguée à une absence des écoulements fluviatiles, entraînent un confinement de l'écosystème (Pagès et Debenay, 1987 ; Cooper, 2001) et une évolution vers un caractère de plus en plus marin. La zonation végétale reflète l'ampleur des conditions drastiques du milieu. Au Sénégal par exemple, *Rhizophora* est le genre dominant. Il se développe le long des chenaux de marée et est suivi d'*Avicennia*. Les tannes se situent à l'arrière des zones colonisées par la mangrove. Les sols sur lesquels se développent les mangroves du Sénégal sont potentiellement acides et salés. L'acidité potentielle est liée principalement à la mangrove à dominance de *Rhizophora* dont le système racinaire constitue un véritable piège à pyrite (FeS_2) (Marius, 1995). Les conditions de formation de la pyrite sont réunies : apport permanent des sulfates par l'eau de mer, bassin versant riche en fer, milieu réduit riche en matière organique et en bactéries sulfato-réductrices. La salinité est liée à une influence exclusivement marine. Les mangroves du Sénégal sont des mangroves d'eau salée marine contrairement aux autres mangroves (zone tropicale humide, zone équatoriale) qui sont dites d'eau douce ou saumâtre (Marius, 1995).

Ainsi, le milieu des mangroves sous climat tropical sec n'est plus un milieu estuarien ou deltaïque, mais plutôt un milieu lagunaire évaporitique où les sels, et plus particulièrement le chlorure de sodium, jouent un rôle aussi important dans la pédogenèse que le soufre (Vieillefon, 1969).

Le fonctionnement des écosytèmes de mangrove reflète une zonation végétale et des processus pédogénétiques spécifiques au domaine étudié. Il se manifeste par un ensemble d'interactions physiques, chimiques et biologiques dont l'ampleur dépend du contexte climatique et géomorphologique. Il s'agit de la salinité (Marius et Lucas, 1982), des conditions d'oxydo-réduction, des teneurs du substrat en sulfures (Nickerson et Thibodeau, 1985), de la durée d'inondation (Mckee, 1993) et du taux de sédimentation (Ellison, 1998).

La plupart des mangroves du Sénégal, dont celles de la Somone, se sont développées à l'arrière de flèches sableuses. Ces barrières littorales protègent les mangroves contre les aggressions marines mais contribuent aussi au confinement de l'écosystème surtout lors de périodes de fermeture de l'embouchure (Cooper, 2001).

La mangrove est un écosystème remarquable sous son aspect biologique, mais aussi par le fait qu'elle occupe des milieux aux contextes géologique, géomorphologique et sédimentologique différents, aux conditions physiques parfois contrastées. La diversité des conditions physiques de l'environnement de mangrove pose des limites quant à une classification internationale unique des mangroves. La classification proposée par Thom (1982) est basée sur le substrat, le marnage et les conditions de sédimentation alors que Kjerfve (1990) propose une classification basée sur le type de côte (delta, lagune, estuaire, zone de bordure). La classification internationale proposée par Lugo et Snedaker (1974) et reprise par Woodroffe (2002) est plutôt basée sur les caractéristiques écologiques et les processus physiques dominants (Figure 3). L'auteur présente sous la forme d'un diagramme, trois grands types de mangrove : les mangroves dominées par la rivière, les mangroves dominées par la marée et les mangroves intérieures, qui sont faiblement influencées par ces deux facteurs.

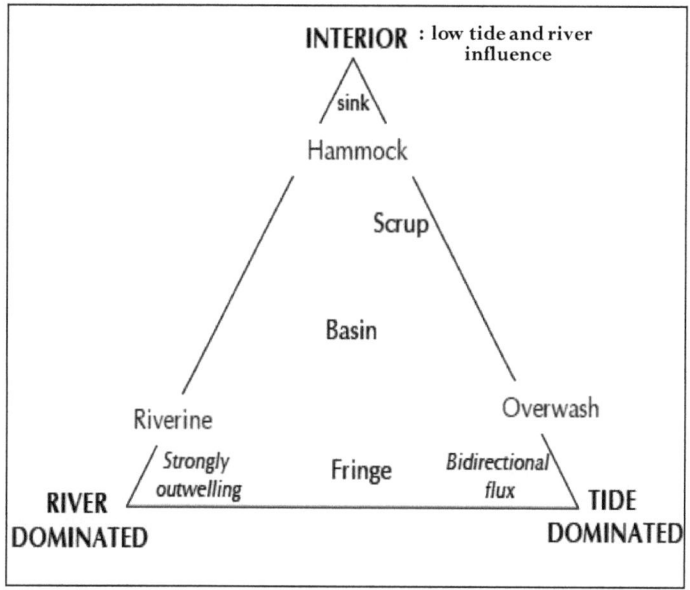

Figure 3. Types de mangrove en relation avec les processus physiques dominants (d'après Woodroffe, 2002)

Au regard de cette classification internationale de Woodroffe (2002) (Figure 3), la Somone, notre site d'étude, est caractérisée par une mangrove dominée par la marée et de type « overwash mangrove ». Toutefois, elle présente la particularité d'abriter une mangrove développée à l'arrière d'une flèche sableuse et d'un important delta de flot où la nappe joue un rôle important sur le fonctionnement hydrologique et écologique du système.

II Le site d'étude

II.1. Caractéristiques de la zone côtière

II.1.1. *Formations géologiques*

La Somone est située dans une zone de marge atlantique passive et sa géologie s'inscrit dans le contexte régional du bassin sédimentaire sénégalo-mauritanien (Figure 4) d'âge méso-cénozoïque. Subsidant à l'échelle géologique, ce bassin est constitué de couches disposées en séries monoclinales à pendage ouest, s'ennoyant sous l'océan (Castelain, 1965 ; Bellion *et al.*, 1984). Avec une superficie de l'ordre de 340 000 km^2, il s'étend du Nord au Sud sur environ 1 400 km entre le Cap Barbas en Mauritanie et le Cap Roxo en Guinée Bissau, en passant par le Sénégal et la Gambie (Bellion, 1987). Sa plus grande largeur se situe à la latitude de Dakar avec 560 km (Bellion *et al.*, 1984).

Les formations sédimentaires les plus anciennes sont celles du Maëstrichtien avec un faciès gréseux et argileux (Figure 4). Les séries tertiaires présentent globalement des dépôts essentiellement chimiques et biochimiques avec prédominance de calcaires et de marnes (Tessier, 1952). Les sédiments gréseux à gréso-argileux du Continental Terminal sont coiffés de cuirasses ferrugineuses formées au Pliocène (Michel, 1973). Ces cuirasses affleurent largement dans la partie Nord de la Somone.

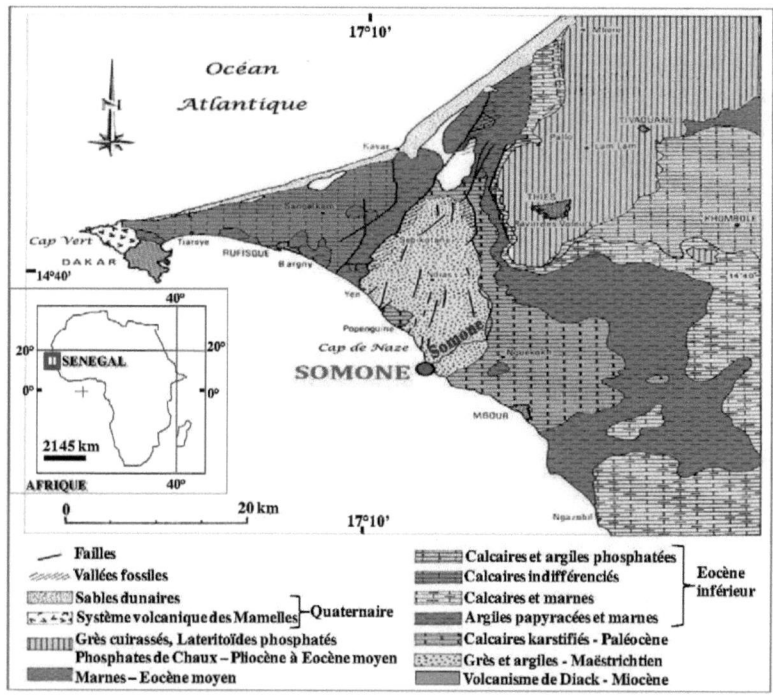

Figure 4 : Carte géologique de la presqu'île du Cap-Vert (d'après Ducasse et al., 1978)

Selon Diop (1990) le Quaternaire récent demeure la plus remarquable période pour l'étude géologique des systèmes côtiers ouest-africains. Les environnements sédimentaires du littoral sénégalais sont hérités des variations eustatiques (transgressions / régressions) et des changements climatiques (humides / arides) ayant affecté cette période. Les formations quaternaires présentent des faciès très variés mais restent essentiellement sableuses (Bellion, 1987). Le schéma d'évolution du Quaternaire récent se résume comme suit :

✓ 21 000 à 12 000 ans BP : c'est la phase de l'Ogolien (Michel, 1973). Elle est caractérisée par des conditions climatiques arides et la formation de grandes dunes appelées dunes rouges ou dunes ogoliennes. La régression marine atteint la cote -130 m vers 18 000 ans BP correspondant ainsi au maximum glaciaire du Würm en Europe (Einsele et al., 1974). Selon Michel

(1973) cette période est marquée aussi par des phases d'entaille (creusement des vallées) des grands réseaux hydrographiques (Sénégal, Gambie, Casamance) et la formation des canyons sous-marins ;

✓ 12 000 à 7 000 ans BP : c'est la phase du Tchadien. Elle est humide et marquée par une remontée du niveau marin qui passe de – 20 m à la cote 0 m IGN entre 8 000 et 6 000 ans B.P (Faure et Elouard, 1967). Les réseaux hydrographiques du Sine, du Saloum, du Khombole, de la Somone ainsi que les forêts de Bandia, de Samba Dia sont définitivement mis en place (Diop et Sall, 1986). Cette période est interrompue par une petite phase sèche entre 7 300 et 7 000 ans B.P ;

✓ 7 000 à 4 000 ans B.P : qualifiée de Nouakchottien, cette phase est marquée par un maximum de transgression marine vers 5 500 ans B.P (+ 1,5 à 2 m IGN) (Michel, 1973). Les vallées du Sine, du Saloum, de la Somone, sont largement remontées par la mer avec une sédimentation essentiellement marine. Diop (1990) les qualifie de golfes nouakchottiens ;

✓ 4 000 ans à l'Actuel : cette phase est caractérisée par différentes étapes de retrait de la mer à partir du maximum nouakchottien (Diop, 1990). Les golfes nouakchottiens sont jalonnés de cordons littoraux édifiés à la faveur des dérives littorales nord-sud ou sud-nord engendrées respectivement par les houles de NW et de SW, et dont les mécanismes de progradation participent à leur colmatage (Diop et Sall, 1986). Les mangroves se seraient développées à cette période (Diop, 1990). En effet, c'est à partir de 3 000 ans B.P que les principales flèches littorales du Sénégal se sont mises en place conformément à la dérive dominante N-S (Diop, 1990).

Trois nappes principales caractérisent les formations hydrogéologiques du littoral de la Petite Côte (Diop, 1990). La nappe quaternaire se situe à une profondeur inférieure à 25 m. Les puits des villages situés dans le secteur de la Somone (Somone, Guéréo, Thiafoura) captent cette nappe. Dans les bas fonds, cette nappe est sub-affleurente et sa profondeur est de l'ordre du mètre. Elle est fortement influencée par les intrusions salines. La nappe Paléocène a une profondeur qui varie de 50 à 120 m. La nappe profonde du Maëstrichtien (de 150 à 300 m) est une nappe d'eau douce qui alimente les forages de la Petite Côte.

II.1.2. *Morphologie littorale*

Limité à l'Ouest par l'océan Atlantique, le Sénégal présente un littoral de 700 km caractérisé par des côtes rocheuses (174 km environ), des côtes sableuses (environ 300 km) et des estuaires à mangrove sur environ 234 km (MEPN, 2005) (Figure 5).

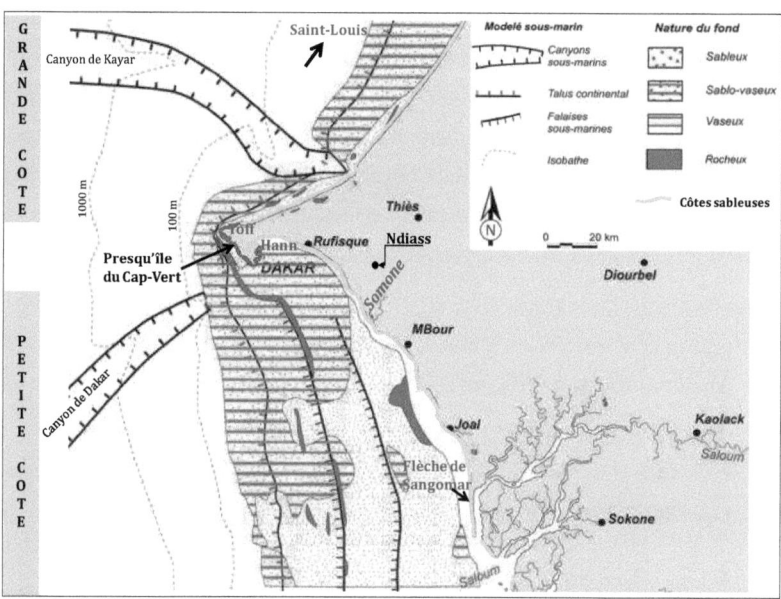

Figure 5 : Couverture sédimentaire marine de la Petite Côte du Sénégal (d'après Turmine, 2001)

Globalement, le littoral sénégalais présente deux grands secteurs côtiers aux caractéristiques morphologiques et hydro-sédimentaires différents répartis de part et d'autre de la presqu'île du Cap-Vert (Figure 5) :

➢ La Grande Côte qui s'étend de Yoff à Saint-Louis est orientée NNE - SSW.

➢ La Petite Côte, secteur sur lequel se situe notre zone d'étude (la lagune de Somone), s'étend de Hann aux îles du Saloum (Figure 5). Elle a une orientation NNW-SSE. L'un de ses traits caractéristiques est qu'elle présente une grande richesse géomorphologique et en biodiversité : cordons et flèches sableuses, falaises, baies, lagunes et estuaires à mangrove.

Sur le plan sédimentaire, la Petite Côte se caractérise par un déficit relativement important. Ce déficit est dû à la présence des canyons de Kayar et de Dakar ; deux structures bathymétriques qui jouent un rôle d'obstacle au transit sédimentaire provenant du Nord (Barusseau, 1980). La dynamique sédimentaire est aussi contrôlée par la morphologie de la côte qui présente une succession de caps et de baies. Les flèches littorales, adossées à des cordons sableux, sont édifiées à la faveur de la dérive littorale (Barusseau, 1980 ; Diaw, 1997). A l'arrière des flèches se sont développés soit des systèmes lagunaires (lagune de Mbodiène), soit des systèmes estuariens et/ou laguno-estuariens (estuaire du Saloum, système laguno-estuarien de la Somone).

Les fonds marins de la Petite Côte sont caractérisés par des sédiments sableux à sablo-vaseux et des bancs rocheux (Figure 5). A la hauteur de l'embouchure de la Somone les fonds marins sont sableux jusqu'à environ 10 km vers le large. Au-delà, le sable est mélangé à la vase (Figure 5).

Sur la terre ferme, le relief de la Petite côte est plat dans son ensemble et reste dominé par la falaise de Thiès et le horst de Ndiass.

II.1.3. *Circulation océanique*

La circulation océanique au large des côtes sénégalaises a été mise en évidence dans de nombreux travaux (Domain, 1972 ; Rebert et Prive, 1974 ; Merle, 1978). La Somone, à l'instar des littoraux du Sénégal, est sous influence des courants généraux qui agissent tout le long de la côte ouest africaine (Figure 6). Il s'agit du courant des Canaries, issu du grand tourbillon subtropical dans l'Atlantique nord, du courant de Guinée, du courant sud équatorial et du contre courant équatorial (Figure 6). Sur le plateau continental (Sénégal) la circulation océanique varie suivant la topographie du plateau, l'orientation de la côte et les variations climatiques saisonnières (Diara, 1999).

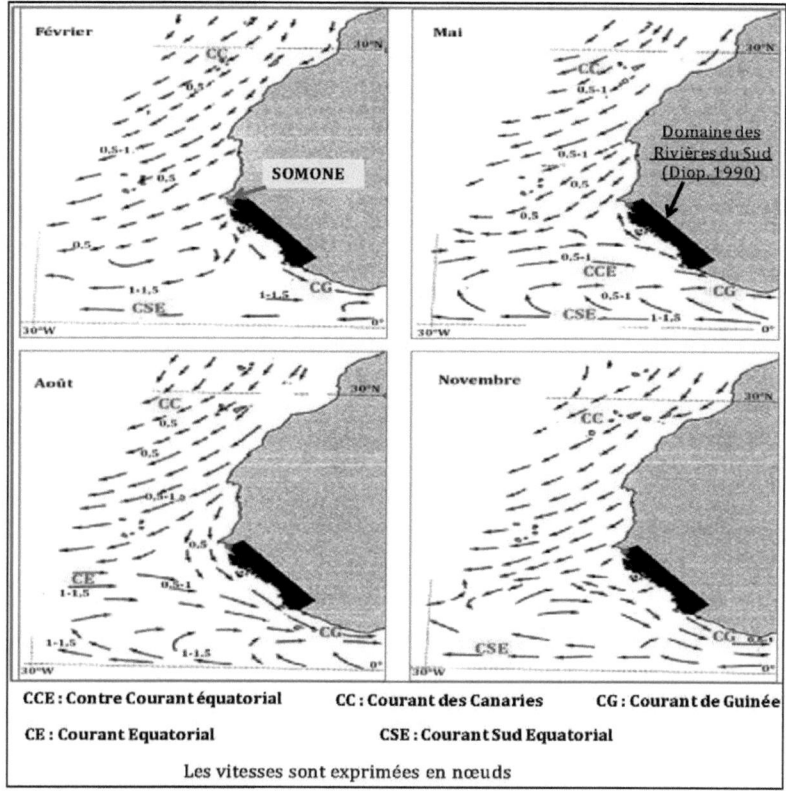

Figure 6 : Variations saisonnières des courants généraux sur le littoral ouest-africain (d'après SHOM, 1981, in Cormier-Salem, 1999)

Des eaux froides (<17°C) et salées (> 35,5 g/l) (Merle, 1978), provenant du courant des Canaries, mais aussi des upwellings (remontées d'eaux froides, riches en éléments nutritifs), circulent de décembre à avril. Les eaux tropicales chaudes et salées circulent de mai à juillet sous l'influence des flux de mousson. Le courant de Guinée draine des eaux chaudes (24°C) et dessalées (< 35,5 g/l) d'août à novembre (Rebert, 1977).

L'upwelling est un phénomène majeur de la circulation océanique du plateau continental sénégalais (Niang-Diop, 1995). Les upwellings sont des courants de compensation engendrés par l'interaction des alizés de Nord-Est plus ou moins parallèle à la côte et du courant des canaries (Samthein et al., 1982). Ils sont généralement faibles mais peuvent, en se superposant aux houles, occasionner un transport sédimentaire (Diara, 1999). Si les vents viennent de la mer, les surcotes créent par compensation un courant de fond dirigé vers le large: c'est le downwelling (Niedoroda et al., 1985). Par contre, s'ils soufflent de la terre, les décotes entraînent une remontée des eaux de fond du large vers la côte : c'est l'upwelling. Il est différent de l'upwelling côtier, de plus grande ampleur, qui se manifeste par la remontée des eaux froides du large à la hauteur du talus continental (Diara, 1999).

II.1.4. *Circulation atmosphérique*

Les vents locaux de basse altitude interviennent dans la dynamique côtière car, (i) ils sont responsables des mers de vent locales et des upwellings et, (ii) se sont les agents de transport de sables dans la zone côtière (Niang-Diop, 1995). La circulation atmosphérique sur le littoral sénégalais est sous le contrôle des champs de hautes pressions subtropicales : l'anticyclone maghrébin, l'anticyclone des Açores et l'anticyclone de Sainte-Hélène. De novembre à mars, le littoral est sous influence des alizés maritimes, issus de l'anticyclone des Açores et des alizés continentaux, originaires de la face orientale de l'anticyclone maghrébin. L'alizé maritime est un vent frais et humide (Diop, 1990) du fait de son long parcours maritime. De direction N à NW, ce flux d'air frais est stable et n'engendre pas de précipitations (Diop, 1990).

L'alizé continental ou harmattan (Figure 7), est un vent chaud et sec et est chargé de fines particules (poussières) qui réduisent fortement la visibilité horizontale. Il est instable mais n'apporte pas de pluie du fait de la siccité de l'air. Selon Leroux (1981), sa direction est constante (NE à ENE et E) avec une composante E dominante dans les stations situées au Nord des Rivières du Sud. Les Rivières du Sud sont un domaine géographique qui s'étend du Saloum (Sénégal) à la Méllacorée en République de Guinée (Figure 7). La vitesse moyenne de l'harmattan est de l'ordre de 3 à 3,5 $m.s^{-1}$. Pendant cette longue période dite de saison sèche (de novembre à mai), la Zone de Convergence Intertropicale (ZCIT) est dans sa position la plus méridionale (Figure 7).

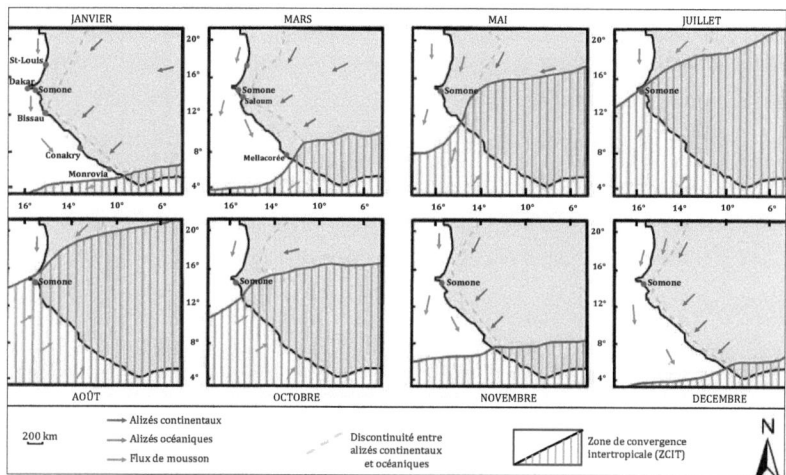

Figure 7 : Flux atmosphériques et migration saisonnière de la zone de convergence intertropicale en Afrique de l'Ouest (d'après Turmine, 2001).

L'arrivée des alizés de mousson, issus de l'anticyclone de Sainte-Hélène, marque le début de la saison humide (Juin à Octobre). La ZCIT remonte progressivement vers le Nord pour atteindre au mois d'Août son maximum septentrional. Les directions dominantes de cet alizé sont W et SW à SSW. Les vitesses moyennes sont plus faibles et varient entre 0,9 et 2 m.s^{-1}.

Sur la Petite Côte, les vents du nord et du nord-est prédominent pendant la saison sèche, de novembre à mai. Pendant la saison des pluies, de juin à octobre, les vents sont répartis dans tous les secteurs, mais ils proviennent principalement de l'ouest et du sud-ouest (Figure 7). Les vitesses du vent sont également fonction de la saison. Elles sont plus importantes pendant la saison sèche, principalement entre décembre et janvier avec en moyenne 7 m.s^{-1}. Les vitesses moyennes minimales sont atteintes pendant la saison des pluies (juin à octobre) et sont de l'ordre de 5 m.s^{-1} (Diara, 1999).

II.1.5. *Hydrodynamique littorale*

La marée, les houles ainsi que les courants qu'elles induisent sont les principaux agents hydrodynamiques en domaine littoral. Les houles, qu'elles soient d'origine lointaine ou locale, sont engendrées par les actions du vent sur la masse d'eau. Les marées sont des variations journalières du niveau marin, sous l'effet des attractions de la lune et du soleil. Selon Niang-Diop (1995) les variations du niveau marin, engendrée également par d'autres facteurs comme les upwellins ou les variations du contenu thermique des océans, sont considérées comme des agents dynamiques car, elles déterminent le lieu et le niveau d'attaque des houles au rivage. Ainsi, tous ces agents dynamiques sont sous l'influence des circulations atmosphériques et océaniques.

II.1.5.a. *La marée*

La marée désigne le mouvement à allure périodique du niveau de la mer, visible le long des côtes, et dont l'origine est l'attraction gravitationnelle de la lune et du soleil (SHOM, 1997). Ce mouvement périodique de 12h 25 mn oscille entre une valeur maximale de hauteur (pleine mer) et une valeur minimale (basse mer). Le marnage est la différence de hauteur d'eau entre une pleine mer (PM) et une basse mer (BM) consécutives (SHOM, 1997). Le littoral sénégalais présente ainsi un régime de marée microtidal avec un marnage moyen inférieur à 2 m (Ruffman *et al*, 1977). La marée est de type semi-diurne ; c'est-à-dire caractérisée par deux PM et deux BM par jour. Selon Diara (1999), l'onde de marée se propage au Sénégal depuis un point amphidromique (point où l'amplitude de la marée est nulle et où les lignes cotidales se rejoignent, SHOM, 1997) situé à l'est de l'océan atlantique, près des Antilles. Sur la Petite Côte, la propagation de l'onde de marée se fait du Nord vers le Sud (Ba *et al.,* 1995). Le courant qui accompagne la marée montante est appelé courant de flot et celui de la marée descendante, courant de jusant. Ces courants ont des vitesses faibles, inférieures à 0,15 m.s^{-1} (Niang-Diop, 1995). Par contre, au niveau des embouchures, ces courants sont plus forts : environ 0,5 m.s^{-1} en moyenne à la station de Djifère (Diop, 1990). Toutefois, ces vitesses varient en fonction des caractéristiques hydrologiques et morpho-sédimentaires des embouchures mais aussi des conditions météorologiques saisonnières (Sall, 1982).

II.1.5.b. *Les houles*

Deux régimes de houle sont présents sur les côtes sénégalaises : les houles de courte période ou « mer de vent » et les houles longues. Les houles de courte période sont générées par les vents locaux. Les houles longues sont issues des hautes latitudes, entre 40° et 60°, des deux hemisphères (Niang-Diop, 1995).

Les «mers de vent», sont une catégorie de houle de courte période engendrée par l'impact des alizés continentaux sur la masse d'eau océanique lorsque leur vitesse est supérieure à 6 $m.s^{-1}$ (Nardari, 1993). De directions multiples, cette houle a une amplitude comprise entre 0,65 et 1,35 m pour une période de 4 s. Son influence sur la dynamique morpho-sédimentaire du littoral suscite des polémiques (Masse, 1968 ; Nardari, 1993).

Les houles longues qui affectent le littoral du Sénégal sont de deux catégories :

✓ Les houles de Nord-Ouest sont originaires de l'Atlantique Nord et sont présentes toute l'année sur les côtes sénégalaises. Ces houles subissent des phénomènes de réfraction quand elles abordent la côte. Des phénomènes de diffraction sont également observés au contact de la tête de la presqu'île du Cap Vert (Riffault, 1980). Ces diffractions induisent ainsi un changement de direction de ces houles mais aussi un amortissement de leur énergie lorsqu'elles abordent la Petite Côte (Niang-Diop, 1995).

✓ Les houles de Sud-Ouest sont issues de l'Atlantique Sud. Ce sont des houles saisonnières car, elles sont présentes que pendant la saison des pluies, de juillet à octobre. Sur le littoral sénégalais, ces houles n'affectent que la Petite Côte et, ce domaine semble être la limite septentrionale de leur zone d'action (Niang-Diop, 1995).

Certains auteurs (Nardari, 1993 ; Niang-Diop, 1995) soulignent qu'en plus de ces deux catégories de houle, le littoral sénégalais peut être influencé par des houles d'Ouest. Ce sont des houles exceptionnelles, originaires des cyclones de la mer des Caraïbes. Elles se produisent entre octobre et décembre et sont plus énergétiques que les houles précédentes avec une puissance de 22,7 kW par mètre de crête de houle contre 18 kW pour les houles de NW et 11 kW pour celles du SW (Nardari, 1993).

Les houles induisent des courants soit perpendiculaires soit parallèles à la côte. Les courants perpendiculaires à la côte sont toujours présents car intrinsèques à la houle. Leur rôle dans le transport littoral semble, d'après Masse (1968) dépendre surtout de la cambrure (H/L) des houles. C'est ainsi qu'une cambrure supérieure à 0,03 (houles de tempête) entraînerait préférentiellement les sédiments de la plage vers le large et inversement, lorsqu'elle est inférieure à 0,025 (houles de beau temps). Sur le littoral sénégalais, les courants parallèles à la côte induisent deux directions préférentielles de dérive littorale : la direction N-S et celle S-N (Diop, 1990 ; Niang-Diop, 1995). Le transit sédimentaire le long du littoral est assuré essentiellement par ces courants de dérive et se fait du Nord vers le Sud. Toutefois, ce transit semble être interrompu par la présence des deux structures bathymétriques sous-marines (canyon de Kayar et de Dakar) qui sont présents autour de la presqu'île du Cap-Vert. Selon Niang-Diop (1995), le transit sédimentaire se recharge dans le secteur nord de la Petite Côte, dans la zone de Rufisque-Mbao (Figure 5) où les processus d'érosion sont importants. Le transit se poursuit sur la Petite Côte avec une dérive dirigée vers le Sud. Le volume de sédiment transporté a été estimé entre 10 500 et 300 000 m^3/an (Barusseau, 1980). Toutefois, il se manifeste sur la Petite Côte et surtout pendant la saison des pluies, une dérive littorale dirigée vers le nord (Diop, 1990 ; Ba *et al.*, 1996).

II.2. Caractéristiques du bassin versant et de l'écosystème de la Somone

Le bassin versant de la Somone (Figure 8. A), d'une superficie de 420 km^2, est caractérisé par un relief peu accusé dans son ensemble. Les rebords du massif de Ndiass et du plateau de Thiès sont les reliefs les plus marqués avec respectivement 104 m et 128 m de hauteur maximum. Le reste est constitué par la plaine sableuse sur laquelle s'est développé le village de Somone. Tout au long de la vallée de la Somone, s'observent les reliques de la forêt tchadienne de Bandia (Figure 8. A). La végétation est de type savane arborée à arbustive dont les principales espèces sont Adansonia digitata et les Acacia. Les rebords du massif de Ndiass présentent des sols gravillonnaires ferralitiques tandis que les sols de la plaine sableuse sont hydromorphes argilo-sableux (Tropis, 2004).

Les données climatiques sont collectées à la station météorologique de Mbour située au Sud de notre zone d'étude entre 14° 23' 27" de latitude Nord et 16° 57' 17" de longitude Ouest (Figure 8. A). Elle est la seule station du bassin versant côtier de la Somone. Il existe toutefois un poste pluviométrique à Nguékokh (installé depuis 1975), ville située à environ 10 km à l'Est de la Somone. Nous nous sommes intéressés également à l'évolution temporelle d'autres paramètres météorologiques enregistrés à la station de Mbour : la température, l'humidité relative et le vent. Les mesures de vitesses du vent sont faites à 10 m du sol.

La figure 7. B. présente la cartographie des unités morphologiques de l'écosystème laguno-estuarien de la Somone.

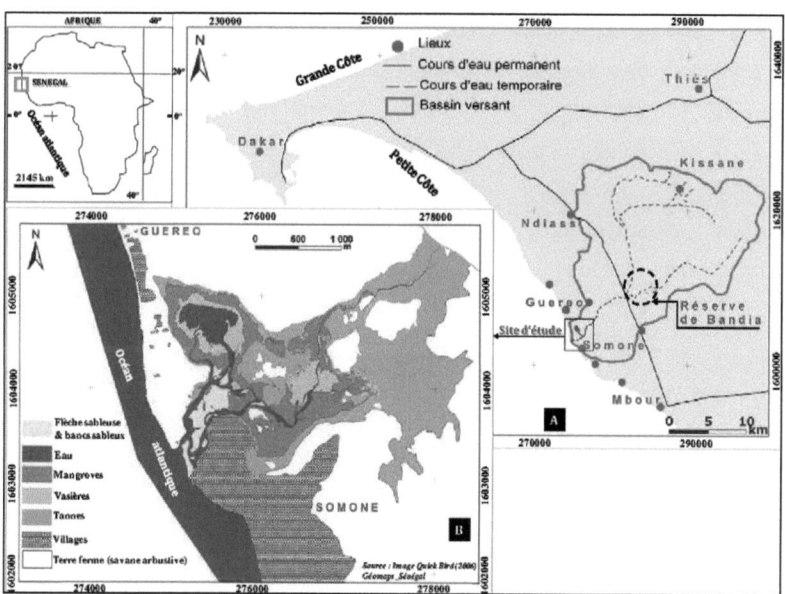

Figure 8 : Localisation du site d'étude : A = bassin versant, B = estuaire-lagune (situation en 2006)

Ces données météorologiques sont acquises à l'Agence Nationale de la Météorologie du Sénégal (ANAMS). Les données pluviométriques enregistrées au poste pluviométrique de Nguékokh sont fragmentaires et couvrent la période de 1972 à 2009.

La Somone appartient au domaine tropical sahélo-soudanien caractérisé par l'alternance de deux saisons contrastées : la saison sèche (novembre à mai) et la saison humide (juin à octobre) (Figure 9). Nous avons caractérisé ces deux saisons en analysant l'évolution temporelle de certains paramètres météorologiques (les précipitations, la température, l'humidité relative et l'évaporation) au cours des années 2007, 2008 et 2009 (années de la thèse). Les évolutions inter-annuelles seront présentées dans le chapitre III.

La saison sèche est longue de sept mois et s'étend de novembre à mai (Figure 9). Elle correspond à la période des extrêmes thermiques. Les maxima de température sont enregistrés au mois d'avril avec en moyenne 36,5°C (Figure 9). Les minima interviennent pendant la période dite « froide » (décembre-janvier-février) au cours de laquelle, ils peuvent atteindre environ 15°C (Figure 9). Par ailleurs, des précipitations dites « pluies de hors saison » ou encore « pluies de heug ou de mangue » sont parfois observées. Celles-ci, liées aux perturbations polaires, sont en général insignifiantes mais peuvent atteindre parfois des valeurs élevées (Leroux et Sagna, 2000) et avoir des conséquences graves (les intempéries de 2002 dans la région Nord du Sénégal). La saison sèche est marquée sur le littoral par la prédominance de l'alizé maritime, favorisant ainsi une humidité relative élevée avec une moyenne de 60 % (Figure 9).

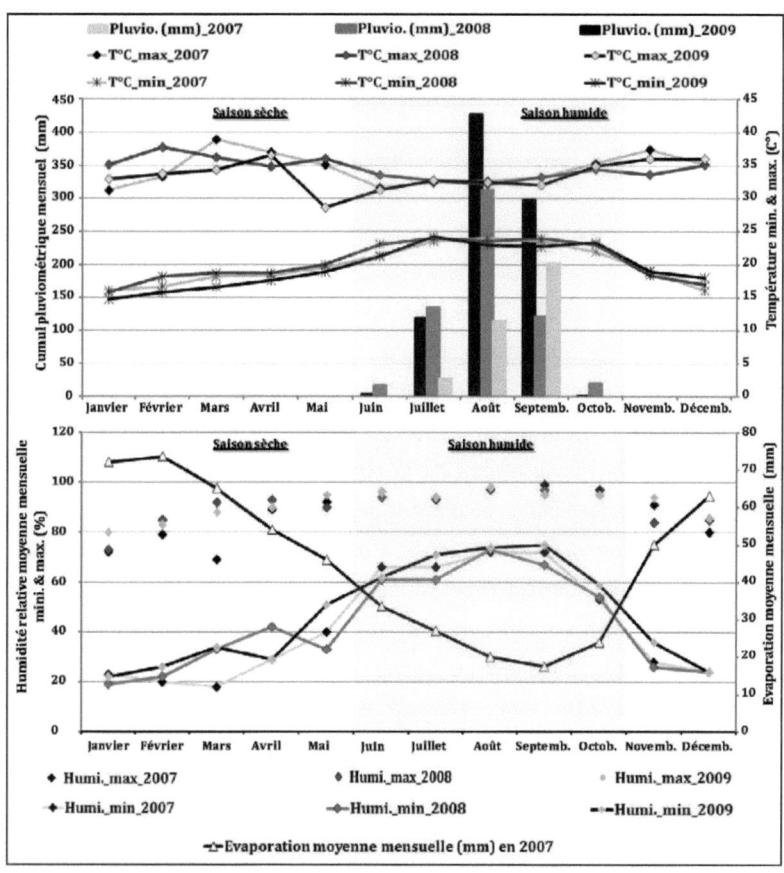

Figure 9 : Cumul mensuel de la pluviométrie et moyenne mensuelle de la température, de l'humidité relative (2007, 2008 et 2009) et de l'évaporation (uniquement en 2007) (station de Mbour)

La saison des pluies, chaude et humide, est appelée hivernage. Elle dure trois à quatre mois environ (entre juin et octobre). Le début et la fin de cette saison sont liés aux déplacements du Front Intertropical (FIT). Cette période est dominée par les flux de mousson de direction Sud-Ouest, issus de l'anticyclone de Sainte-Hélène. L'humidité de l'air est importante avec un maximum de l'ordre 96 % au mois d'août et septembre (Figure 9). Les maxima de précipitation sont enregistrés au mois d'août avec un maximum de 427 mm en 2009 (Figure 9). Toutefois, la pluviométrie connaît des variations interannuelles importantes : en moyenne 760 mm au cours de la période 1960-1969, 478 mm pour la période 1970-1989 et enfin 510,5 mm pour la période 1990-2009. Cette situation climatique n'est pas sans conséquence sur l'hydrologie de petits bassins versants comme celui de la Somone.

Le réseau hydrographique de la Somone est peu hiérarchisé. Il est formé par la confluence de deux rivières à écoulement temporaire (Figure 8. A). Elles drainent le plateau de Thiès, une partie du horst de Ndiass et la plaine sableuse du bassin versant avant de se jeter dans la mer par une petite embouchure microtidale. La rivière qui draine la partie Est a une longueur de 30 km alors que celle de la partie Ouest fait environ 20 km de long. Ces deux affluents se rejoignent au niveau de la réserve de Bandia (Figure 8. A). La rivière coule essentiellement pendant la période humide par opposition à la période sèche pendant laquelle elle est à sec. Les apports en eau douce sont donc faibles et temporaires. L'écoulement est de courte durée et consécutif aux précipitations locales. Les valeurs de débits sont enregistrées à partir de la station hydrologique implantée au niveau du pont de Bandia. Ces données sont très fragmentaires mais renseignent tout de même sur le caractère saisonnier de l'écoulement avec des débits très faibles (Tableau 1).

Tableau 1 : Débit (Q) saisonnier de la rivière de Somone (Source : DGPRE)

Date	04-09-1975	26-08-1976	1977 - 1978	1978-1984	1984-1987	23-08-1988
Q max en $m^3 s^{-1}$	9,4	0,7	5,5	Sec	Non observé	6,89

L'essentiel des écoulements intervient en Août et Septembre durant les maxima de précipitations. Depuis 1975, le débit maximal n'a jamais dépassé 10 $m^3 s^{-1}$. La saisonnalité dicte la dynamique hydrologique de la rivière de Somone. Malgré ce régime d'écoulement, des barrages hydrauliques ont été édifiés sur les cours supérieurs et moyen du fleuve. Les six barrages dans la réserve de Bandia (Figure 8. A), situés à environ 10 km de l'embouchure, ont été construits en 1999 afin de favoriser le développement de la flore et l'abreuvement de la faune. Les trois barrages de Kissane (Figure 8. A), à environ 25 km de l'embouchure, ont été édifiés en 2000. Ils ont une fonction hydro-agricole pour le maraîchage et l'abreuvement du bétail. Aujourd'hui, les apports en eau douce par la rivière Somone sont donc quasi-inexistants. Aucun débit n'a été remarqué lors de nos observations de terrain (2007-2010) même en saison des pluies. Les eaux sont retenues par le barrage de Bandia au niveau du pont. Seul le surplus d'eau arrive dans la rivière en aval du pont, mais ne provoque pas d'écoulement du fait de sa faible compétence et de l'importance des sédiments qui ont colmaté le lit mineur suite au démantèlement des berges par les troupeaux de vaches mais aussi de la dynamique éolienne. Les apports en eau douce au système lagunaire de la Somone semblent donc provenir principalement des précipitations et de la nappe.

La rivière de Somone termine son parcours par une lagune microtidale avec un marnage inférieur à 2 m à l'embouchure (Figure 8.B). Une marée de type semi-diurne s'exerce toute l'année. Elle contrôle ainsi le cycle immersion/émersion dans l'écosystème laguno-estuarien de la Somone.

D'une superficie de 7 km^2, l'écosystème laguno-estuarien de la Somone (Figure 8. B) a été érigé en Réserve Naturelle d'Intérêt Communautaire en 1999. Il est caractérisé par une variété d'unités morphologiques. La mangrove représente l'unité la plus caractéristique de cet écosystème côtier (Figure 8. B). Elle est dominée par les *Rhizophora*. Les *Avicennia* sont peu nombreux et sont à la lisière des tannes. On y retrouve également une petite passe large de 10 m environ alimentant les chenaux de marée, une flèche sableuse et des bancs sableux à l'embouchure, des vasières nues, des îlots de steppes et des tannes (Figure 8. B). Les vasières et les bancs sableux sont inondés à chaque marée haute et exondés à marée basse. Les tannes ne sont inondés que par les marées de vive-eau et par les eaux de pluie pendant la saison humide. Les processus de sédimentation à la surface de ces unités morphologiques dépendent principalement de la durée d'inondation (Anthony, 2004), qui est, pour le système laguno-estuarien de la Somone, essentiellement contrôlée par la marée. Le terme « tanne » est emprunté à une langue locale au Sénégal, le Sérère. Il est utilisé pour qualifier des espaces nus, stériles et salés. Ainsi, cette diversité des unités morphologiques entretient une richesse en biodiversité, caractéristique de l'écosystème mangrove. Les vasières de l'écosystème de la

Somone représentent le biotope privilégié des crabes (faune visible à chaque marée basse) et des oiseaux migrateurs comme les pélicans, les hérons, les aigrettes et les flamands roses (Hogarth, 2007). Les huîtres colonisent les racines des *Rhizophora*. A marée haute, les poissons juvéniles y trouvent un environnement favorable pour leur refuge tandis que d'autres l'utilisent pour la reproduction (Vidy, 2000). Ces caractéristiques écologiques, propres à l'écosystème mangrove, sont à l'origine de l'enjeu socio-économique dont il fait l'objet depuis plusieurs décennies.

A l'image du bassin versant, l'écosystème laguno-estuarien de la Somone est soumis à une forte pression anthropique. La mangrove et la flèche sableuse sont les principaux pôles d'activité des populations. La flèche littorale a subi, pendant les années 1994 à 1998, une exploitation abusive et sauvage d'extraction de sable pour alimenter l'industrie immobilière en pleine expansion dans la zone. Il est par conséquent difficile de chiffrer précisément les quantités de sables prélevées. Toutefois, il a été signalé, lors de nos enquêtes de terrain, qu'une dizaine de charrettes faisaient l'extraction à hauteur de 3 500 à 5 000 FCA par chargement. Chaque charrette prélevait en moyenne une tonne de sable, soit environ 5 chargements par nuit. Les opérations se déroulaient la nuit et la fréquence était fonction de la durée des chantiers de contruction mais aussi de la surveillance de la côte. Si l'on considère que l'extraction s'est faite chaque nuit et pendant quatre ans, alors 15 000 tonnes de sable ont été prélevées sur la flèche. Sachant que la densité d'un sédiment sableux humide est de 1,8 t/m^3, alors le volume maximal de sable prélevé est d'environ 2 000 m^3/an. De plus, à côté d'une exploitation ancienne et traditionnelle des huîtres de mangrove s'est ajoutée, depuis la fin des années 1990, une exploitation industrielle avec la création de bassins ostréicoles. Le port de plaisance et les circuits de balade en pirogues motorisées constituent un des traits majeurs du développement touristique dans la zone. A cela s'ajoute également l'utilisation du bois de palétuvier comme principale source d'énergie de cette population rurale avant les années 1990. L'intervention des pouvoirs publics par des politiques de protection (érection de l'écosystème en réserve naturelle) et de gestion intégrée des ressources marines et côtières a permis un recul considérable de ces pratiques intensives.

III Conclusions

Le substratum géologique de la zone d'étude est constitué de formations gréseuses du Maëstrichtien. L'écosystème laguno-estuarien de la Somone, bâti sur ces grès et argiles du Maëstrichtien, est en saillie sur la côte. Il est encadré au Nord par les formations argilo-marneuses de l'Eocène et au Sud par les formations calcaires du Paléocène. Le système laguno-estuarien de la Somone s'est mis en place à l'Holocène.

La Somone appartient au domaine tropical de type sahélo-soudanien à saison contrastée. La saison sèche est longue de sept mois (novembre à mai) alors que la saison humide est courte et ne dure que cinq mois (juin à octobre). Les maxima de précipitations sont enregistrés au mois d'août et sont toujours inférieurs à 500 mm.an^{-1} depuis les années 1960. Le balancement de la Zone de Convergence Intertropicale (ZCIT) définit deux régimes de vent distincts. Le régime de saison sèche est caractérisé par la prédominance des vents du Nord et du Nord-Est. Le régime de saison humide est plutôt marqué par des vents d'Ouest et de Sud-Ouest. A ces conditions météorologiques saisonnières correspondent deux principaux régimes de houle. Les houles de Nord-Ouest se manifestent en saison sèche et induisent une dérive littorale principale dirigée vers le Sud. Les houles d'Ouest sont enregistrées également pendant cette période. Les houles de Sud-Ouest, présentes qu'en saison humide, entraînent une dérive littorale dirigée vers le Nord. La direction de migration des flèches sableuses du Sénégal se fait principalement dans le sens de la dérive littorale dominante, vers le Sud. L'embouchure de la Somone présente une spécificité naturelle, celle d'une flèche sableuse dirigée vers le Nord, dans le sens contraire à la dérive littorale générale. Cette embouchure microtidale est soumise aux actions de la marée semi-diurne. Les courants de marée assurent, par l'intermédiaire des chenaux, la dynamique de l'eau et des sédiments dans l'ensemble du système laguno-estuarien. Les apports fluviaux au système sont inexistants et le gradient de salinité est inverse. Les apports en eau douce, observés pendant la période d'étude, 2007-2010, se font par les précipitations et la nappe. La mangrove, peu dense et de forme rabougrie, est à dominance de *Rhizophora*. Les *Avicennia*, peu nombreux, sont à la lisière des tannes. Ainsi, au regard de ces caractéristiques, nous pouvons considérer l'écosystème de la Somone comme une véritable lagune. Elle est principalement sous influence du forçage tidal et la zonation végétale reflète l'importance du contrôle climatique sur l'évolution du système laguno-estuarien de la Somone.

CHAPITRE II.

MATERIELS ET METHODES

I. Stratégie d'étude……………………………………………49-51

II. Techniques d'échantillonnage et de suivis………………52-64

III. Techniques analytiques……………………………………64-79

IV. Conclusions…………………………………………………79-80

Les méthodes d'étude sur les écosystèmes de mangrove ont souvent porté sur l'analyse spatiale, ce qui a permis de comprendre leur distribution mondiale. Les avancées technologiques ont facilité le développement de nouvelles méthodes de télédétection basées sur des images de très haute résolution permettant de mieux caractériser les états de surface. Les Systèmes d'Information Géographique (SIG), outils informatiques pour la cartographique numérique, permettent de stocker, gérer, analyser et comparer des données de télédétection d'échelles, de sources et de dates différentes. Ils sont incontournables dans l'étude de la dynamique spatio-temporelle des surfaces de mangrove et offrent beaucoup de possibilité quant à la création et la gestion d'un système de base de données géoréférencées et surtout pour la réactualisation de l'information.

L'organigramme ainsi que les méthodes analytiques du SIG sont présentés dans ce chapitre.

La problématique relative à l'étude de la qualité des eaux et des sédiments par caractérisation physico-chimique, géochimique et sédimentologique a favorisé le développement de techniques expérimentales et de suivi in-situ. Les travaux de Vieillefon dans les années 1960-1970, de Marius, de Barusseau et de l'EPEEC dans les années 1980, de Diop dans les années 1990, de Kaly dans les années 2000, ont fortement amélioré les connaissances sur la qualité de l'environnement des mangroves du Sénégal (Saloum et Casamance principalement). Ces auteurs ont essentiellement utilisé des techniques classiques de carottages, d'analyses sédimentaires et de mesures physico-chimiques (pH mètre, salinomètre). Dans le cadre de ce travail de thèse, nous avons en partie utilisé ces techniques analytiques et de suivi mais nous avons aussi déployé de nouveaux dispositifs de suivi in-situ à haute résolution et haute fréquence avec une approche multi-échelle et pluridisciplinaire. Le présent chapitre présente la stratégie d'étude ainsi que l'ensemble des techniques déployées.

I Stratégie d'étude

I.1. Calendrier des travaux : campagnes de terrain et acquisition de données

La stratégie d'étude adoptée est fonction de l'échelle d'analyse (Figure 10). Deux échelles ont été retenues : l'échelle pluri-décennale et l'échelle annuelle.

- **l'échelle pluridécennale** : elle repose sur l'étude diachronique des données de télédétection (photographies aériennes et images satellites). Le pas d'échantillonnage est dicté par l'existence et la disponibilité de ces données. L'acquisition des données a été faite au niveau des services nationaux et privés responsables de la gestion des données de télédétection et de la production cartographique au Sénégal : UCAD[1], DTGC[2], CSE[3], DAT[4], GEOMAPS_Sénégal[5], IGN[6]. Les données météorologiques (pluviométrie, température, humidité, vent) ont été acquises auprès de l'Agence Nationale de la Météorologie du Sénégal (ANAMS).

Une mission d'enquête socio-économique a été organisée dans les villages de Somone et de Guereo afin de connaître les activités des populations en relation directe avec l'écosystème mangrove et son évolution historique.

- **l'échelle annuelle** : la stratégie d'échantillonnage est basée sur le contraste saisonnier (Figure 10). Toutes les mesures de terrain ont été effectuées en saison sèche et en saison humide. Toutefois, en présence d'événements instantanés et exceptionnels (tempête, fortes précipitations, dragage de l'embouchure), une mission a été organisée pour évaluer la réponse écosystémique du complexe laguno-estuarien.

---

[1] Université Cheikh Anta DIOP de Dakar (Sénégal)
[2] Direction des Travaux Géographiques et Cartographiques du Sénégal
[2] Direction des Travaux Géographiques et Cartographiques du Sénégal
[3] Centre de Suivi Ecologique de Dakar
[4] Direction de l'Aménagement du Territoire (Dakar)
[5] Geoinformation Services (Dakar)
[6] Institut Géographique National de Paris (France)

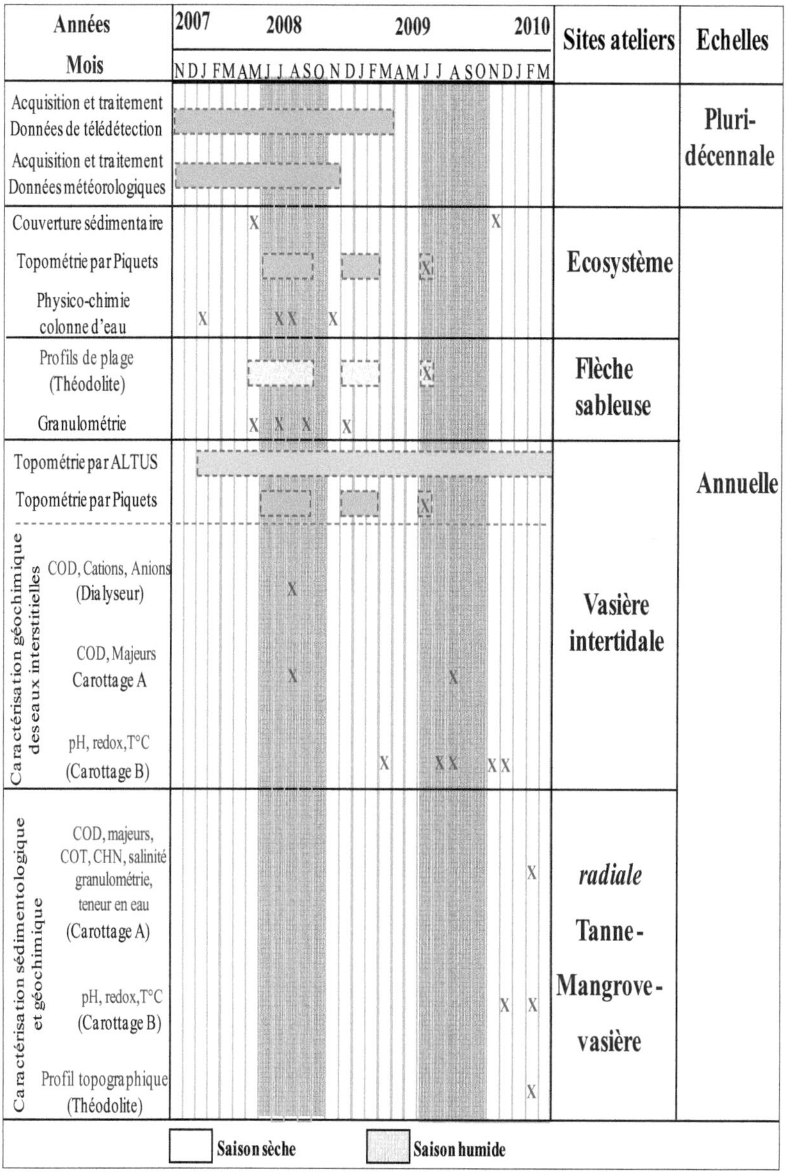

Années	2007	2008	2009	2010	Sites ateliers	Echelles
Mois	ND	JFMAMJJASO	NDJFMAMJJASO	NDJFM		
Acquisition et traitement Données de télédétection						Pluri-décennale
Acquisition et traitement Données météorologiques						
Couverture sédimentaire		X		X	Ecosystème	
Topométrie par Piquets						
Physico-chimie colonne d'eau	X	X X	X		Flèche sableuse	
Profils de plage (Théodolite)						
Granulométrie		X X X	X			
Topométrie par ALTUS						Annuelle
Topométrie par Piquets						
Caractérisation géochimique des eaux interstitielles — COD, Cations, Anions (Dialyseur)		X			Vasière intertidale	
COD, Majeurs Carottage A		X	X			
pH, redox, T°C (Carottage B)			X	X X	X X	
Caractérisation sédimentologique et géochimique — COD, majeurs, COT, CHN, salinité, granulométrie, teneur en eau (Carottage A)				X	radiale Tanne - Mangrove - vasière	
pH, redox, T°C (Carottage B)				X X		
Profil topographique (Théodolite)				X		

☐ Saison sèche   ▨ Saison humide

Figure 10 : Planning des travaux de recherche

I.2. Sites ateliers

Les suivis à l'échelle annuelle sont réalisés sur plusieurs sites ateliers aux caractéristiques différentes (Figure 11). Nous avons tout d'abord effectué une caractérisation globale de l'estuaire par des études sédimentaires et physico-chimiques. Ensuite, trois sites ateliers (Figure 11), caractéristiques de l'écosystème sont définis afin de suivre à haute fréquence (de l'échelle de la marée à l'échelle annuelle) les processus hydro-sédimentaires et géochimiques.

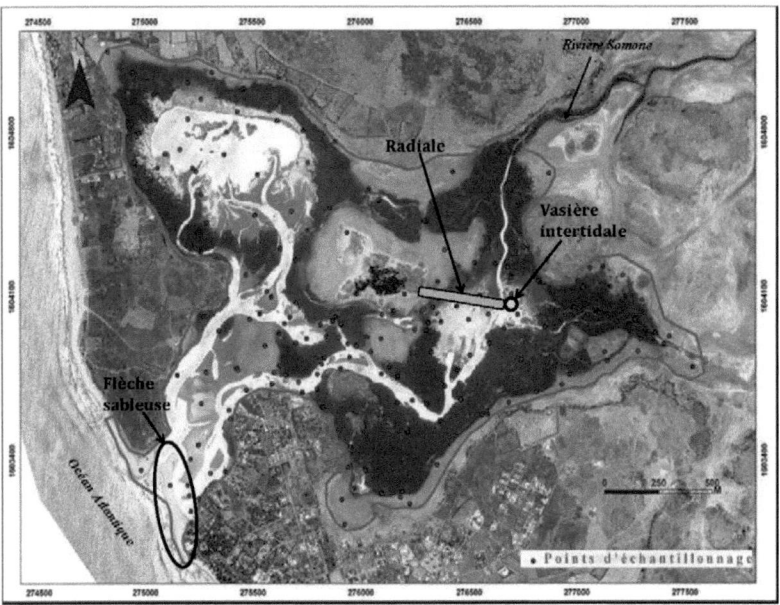

Figure 11 : Localisation spatiale des trois sites ateliers (flèche sableuse, vasière et radiale)

Ces sites sont caractérisés par des conditions hydrodynamiques contrastées. Il s'agit de la flèche sableuse qui se trouve en zone exposée aux vagues, donc dynamiquement active et de la vasière intertidale, une zone abritée dans l'axe du chenal de la Somone. Enfin, a été suivie une radiale transversale (Figure 11) constituée d'unités morphologiques différentes : tanne, mangrove et vasière.

II Techniques d'échantillonnage et de suivi

II.1. Echantillonnage pour les cartes sédimentaires

La stratégie consiste à échantillonner, en deux saisons différentes et avec la même technique (tube PVC : 10 cm de hauteur, 4 cm de diamètre), les 10 premiers cm du sédiment. Cette stratégie de suivi permet de mettre en évidence la variabilité saisonnière de la répartition spatiale des sédiments de l'estuaire de la Somone. Les points de prélèvement sont représentés sur la figure ci-dessous (Figure 12).

Figure 12 : Répartition spatiale des points d'échantillonnage (mai 2008 et novembre 2009)

L'échantillonnage a été effectué en mai 2008 pour la saison sèche et en novembre 2009 pour la saison humide. Le choix de ces deux mois se justifie par le fait que le mois de mai marque la fin de la saison sèche et le mois de novembre celle de la saison humide. Au total, 170 échantillons de sédiment ont été prélevés sur environ 2,5 km^2 de superficie (Figure 12). Les prélèvements sont faits à marée basse et les coordonnées géographiques de chaque station (point de prélèvement) sont enregistrées à l'aide d'un GPS « Garmin Etrex H ». Les sédiments prélevés (environ 250 g/station) sont ensuite transportés dans des sacs jusqu'au laboratoire.

II.2. Reconnaissance du niveau de la nappe

La reconnaissance du niveau piézométrique s'est faite sur chaque faciès de la radiale (Figure 11) à l'aide d'une tarière. Le sondage a été fait à marée basse et en saison sèche (janvier 2010).

II.3. Suivis topométriques

II.3.1. *Levés topographiques par théodolite*

La flèche sableuse de la Somone (Figure 12) a fait l'objet d'une étude topo-morphométrique entre saison humide (mai à septembre 2008 et juillet 2009) et saison sèche (décembre 2008 à février 2009). Sur la flèche sableuse, longue de 350 m environ, cinq profils perpendiculaires au trait de côte (Figure 13) ont été définis. Les points repères des profils (P1, P2, P3, P4 et P5, Figure 13) sont calés avec précision à l'aide d'un GPS. Les profils sont positionnés à partir d'un point de référence : poteaux ou autre édifice fixe sur la plage. L'orientation de chaque profil est déterminée par un repère lointain, à partir duquel, on établit le zéro du cercle gradué de la tourelle du niveau. La direction du profil est donnée par l'angle défini à partir du zéro. Les mesures topographiques sont faites du côté de la mer et du côté de la lagune. Les relevés topographiques ont été faits mensuellement entre mai 2008 et juillet 2009 et pendant la marée basse, ce qui nous permettait d'avoir un accès plus facile à la zone sub-tidale. Nous avons mesuré également, pour chaque mois de suivi, la hauteur de chaque point de référence par rapport à la surface du sol afin de pouvoir superposer les profils entre eux.

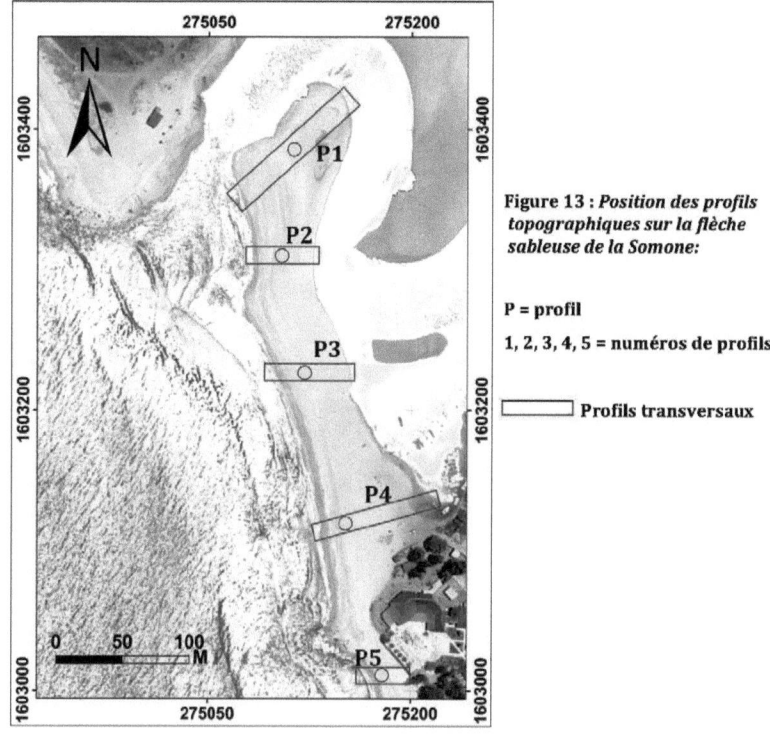

Figure 13 : *Position des profils topographiques sur la flèche sableuse de la Somone:*

P = profil

1, 2, 3, 4, 5 = numéros de profils

☐ Profils transversaux

Le dispositif du suivi topographique est constitué d'un théodolite fixé sur un trépied, d'un décamètre pour mesurer la distance entre les points et d'une mire graduée sur laquelle se fait la lecture des mesures. Par ailleurs, un prélèvement bimestriel d'échantillons de sédiments a été fait sur chaque unité morphologique de plage afin de déterminer leur granulométrie et leur teneur en carbonate. Le théodolite a été utilisé aussi pour déterminer la topographie de la radiale.

Les données des levés topographiques de la plage et de la radiale sont traitées sous AutoSignal 1.7 pour le rééchantillonnage et sous Adobe Illustrator 10 pour la représentation graphique. La représentation graphique permet de comprendre l'évolution topo-morphologique de la plage (érosion ou accrétion) sur un profil bien déterminé. Toutefois, il ne permet pas d'avoir une vision spatiale de l'information topographique sur tous les profils.

II.3.2. Suivis topographiques par la technique des piquets

Afin de caractériser les processus sédimentaires à l'échelle de la lagune, la technique de suivi altimétrique par le dispositif des piquets a été mise en œuvre sur 6 stations (Figure 14). Le dispositif est constitué de trois tubes en PVC de 1 m de hauteur et 2 cm de diamètre chacun. Les 50 cm sont enfoncés dans la vase et les 50 cm restants représentent la hauteur de référence pour mesurer les variations topographiques (érosion / dépôt) à la surface des vasières nues et des vasières à mangrove (Figure 14). Ainsi, la disposition des piquets en forme de triangle (Figure 14, photo) permet d'avoir trois valeurs par relevé et par station et d'en déduire une valeur moyenne.

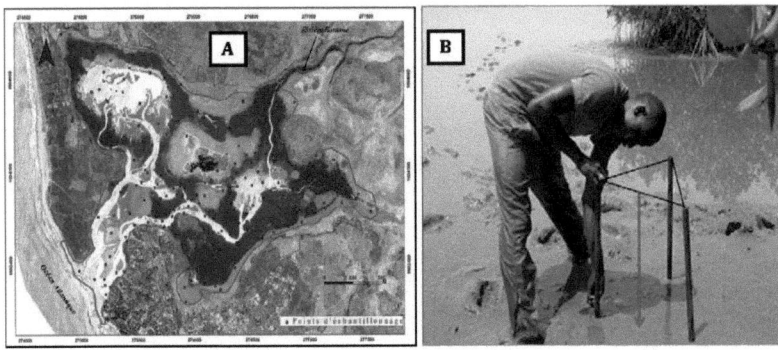

Figure 14 : Technique de mesures altimétriques par le dispositif des piquets : les points de couleur verte représentent les 6 stations de mesures ; la photo de droite est une illustration de la disposition des piquets sous la forme d'un triangle.

Le set de données couvre plus d'une année complète : août 2008, septembre 2008, janvier 2009, février 2009, mars 2009, juillet 2009, août 2009, septembre 2009, janvier 2010. Les relevés topographiques sont effectués à marée basse. L'erreur sur la mesure est d'environ ± 1 mm. Toutefois, même si la série de données est tronquée, elle permet une caractérisation spatiale des processus hydro-sédimentaires (dépôt ou érosion) à l'échelle du système et un recalage par rapport à l'altimètre qui enregistre en continu.

II.3.3. Suivis topographiques par altimétrie (ALTUS)

L'ALTUS est un système d'acquisition de données quantitatives, à court terme (cycle de marée) et/ou long terme (plusieurs années) sur les variations topographiques. Il permet ainsi d'avoir une information sur les rythmes d'érosion et de dépôt des sédiments superficiels en domaine littoral (Deloffre, 2005). Il est par conséquent un outil essentiel pour (i) étudier et comprendre les processus hydrosédimentaires, (ii) quantifier ces processus en établissant des bilans sédimentaires et, (iii) aider à la validation des modèles numériques hydrosédimentaires.

Principe et système d'acquisition des données

Basé sur le principe de l'échosondeur bi statique[7], l'altimètre ALTUS (Jestin et al., 1998) est positionné sur la vasière de la Somone avec précision grâce à un GPS (Figure 15). L'objectif est d'enregistrer en continu pendant 2 ans, les variations topographiques à la surface de la vasière. L'ALTUS est composé d'un échosondeur, d'un câble submersible, d'une zone de lecture, d'un capteur de pression et d'un logger (Figure 15. A).

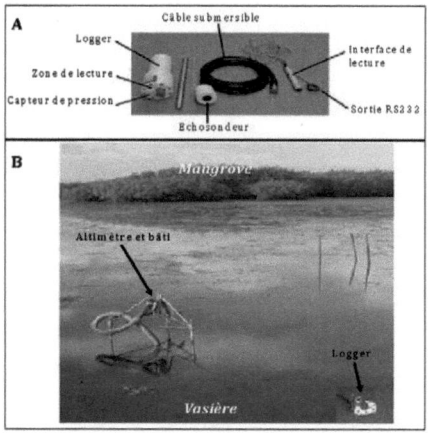

Figure 15 : Photographie de l'Altimètre (ALTUS) : A. principaux composants / B. vue sur son bâti sur la vasière de l'estuaire de la Somone.

---

[7] Emission et réception sont effectuées sur un émetteur et un récepteur distincts (Deloffre, 2005).

Le principe de fonctionnement de l'altimètre est basé sur l'émission et la réception d'ondes acoustiques. Les enregistrements se font d'une manière automatique à haute résolution (0,06 cm) et haute fréquence (1 mesure/10 minutes).

L'échosondeur est placé sur son bâti en inox alors que le logger est directement positionné à la surface de la vasière (Figure 15. B). Les mesures de hauteur d'eau sur la vasière sont effectuées par le capteur de pression localisé sur le logger. La mise en place de l'instrument altimétrique a été faite à une hauteur de 20 cm du sédiment en position initiale. Ceci permet de minimiser la perte de signal et d'obtenir un maximum de mesures au cours de chaque cycle de marée, car l'altimètre n'effectue des mesures que lorsqu'il est immergé.

La méthode d'acquisition des données est basée sur des mesures de temps. L'échosondeur envoie une onde acoustique à 2 MHz et reçoit l'écho de la surface de la vasière. Ce temps de trajet est transformé en distance à partir de laquelle on obtient des données brutes sur les variations topographiques. L'erreur est de ± 2 mm. L'onde est émise avec une vitesse constante de 1461 $m.s^{-1}$ (donnée constructeur). Toutefois, en milieu naturel, cette vitesse du son est susceptible de varier car controlée par la température et la salinité de l'eau (Coppens, 1981). Il est donc nécessaire de corriger les données en fonction de la température et de la salinité. Pour cela, nous avons accroché sur un pied de l'altimètre, une sonde afin d'enregistrer automatiquement et en continu, la température de l'eau. Des mesures saisonnières et ponctuelles de salinité sont aussi réalisées à proximité de l'instrument.

Impact de la salinité et de la température

Les valeurs extrêmes de température mesurées sur 2 mois (mars et avril) sont de 16,5°C et 29,3 °C. La salinité mesurée à proximité de l'altimètre est relativement constante de l'ordre de 35,6 $g.l^{-1}$. Coppens (1981) propose une formule à partir de laquelle on peut recalculer des vitesses réelles du son dans l'eau en prenant en compte ces deux paramètres :

$C(Z,S,T) = 1449,05 + 45,7\ T - 5,21\ T^2 + 0,23\ T^3 + (1,333 - 0,126T + 0,009\ T^2)$ (S - 35).

C = vitesse en m/s / Z = profondeur en km / T = t/10, avec t = température / S = salinité. Les limites de validité sont : température de 0 à 35 °C, salinité de 0 à 45 g/l, profondeur de 0 à 4 km.

Pour une température maximale de 29,3 °C et une salinité de 35,6 g/l, la vitesse réelle du son dans l'eau est de 1544 m.s^{-1} ; alors que pour une température minimale de 16,5 °C, elle est de 1512 m.s^{-1}.

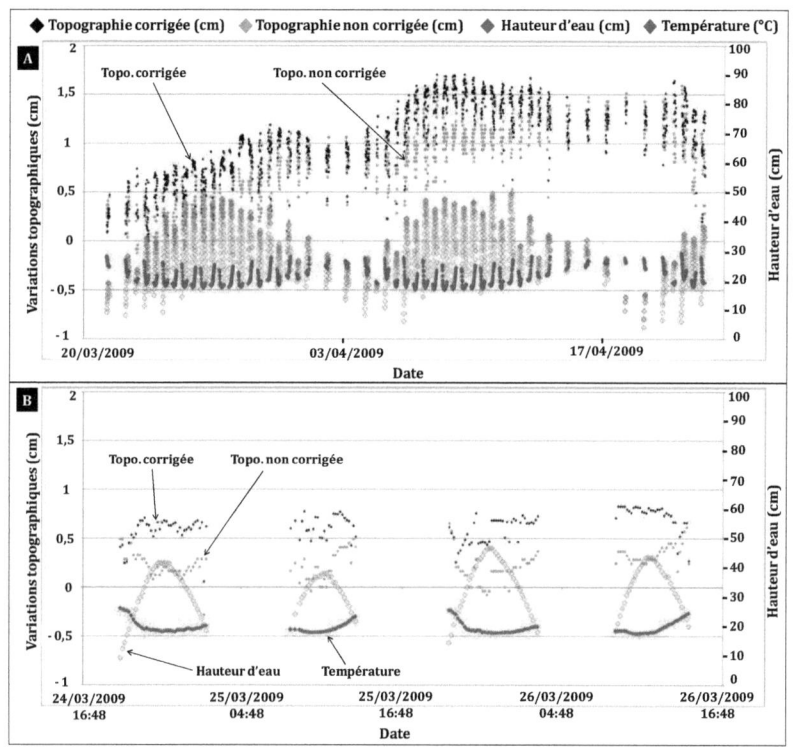

Figure 16 : Variations de la température de l'eau, de la hauteur d'eau et de la topographie à la surface de la vasière intertidale de la Somone

Les données de température de l'eau obtenues couvrent juste deux mois environ, mars-avril 2009 (Figure 16). La disparition de la sonde de température (constat fait en juillet 2009) a fait que toutes les données enregistrées n'ont pas été présentées dans ce travail de thèse. Toutefois, pour la décennie 2000-2010, la température moyenne maximale de l'air, à la station de Mbour, a été enregistrée aux mois de mars (34,5 °C) et d'avril (36,5 °C). Ces mois semblent être représentatifs des contraintes de températures maximales pouvant s'exercer sur les masses d'eau de surface.

Les variations basse fréquence de la température se corrèlent aux cycles vives-eaux / mortes-eau (Figure 16. A). Les températures de l'eau sont plus élevées (entre 25 et 29,3 °C) pendant les périodes de mortes-eaux, alors que lors des vives-eaux, elles varient environ entre 16 et 20 °C (Figure 16. A). Le volume d'eau oscillant au dessus de la vasière est plus faible en mortes-eaux qu'en vives-eaux, ce qui favoriserait un réchauffement plus rapide des eaux en mortes-eaux par la température de l'air. Nous remarquons également que les variations hautes fréquences de la température sont liées au cycle jour-nuit (Figure 16. A). La courbe indique que les eaux sont plus chaudes le jour (25 ° C) que la nuit (18 °C).

A l'échelle des deux mois, les courbes de topographie corrigée et non corrigée présentent une allure identique avec un décalage d'environ 1 mm (Figure 16. A). Les variations de température ne semblent pas avoir d'impacts significatifs sur les variations topographiques à l'échelle du cycle vives-eaux / mortes-eaux. Par contre, l'étude montre, qu'à l'échelle du cycle semi-diurne, le signal topographique peut être impacté par les variations de la température de l'eau (Figure 16. B). Ainsi, les variations topographiques brutes semblent indiquer des processus d'érosion et de dépôt alors qu'il s'agit d'un artefact lié aux variations de température de l'eau. Toutefois, au regard de l'objectif de cette expérimentation, c'est-à-dire, comprendre l'évolution topographique pluri-annuelle à la surface de la vasière, nous pouvons considérer nos résultats bruts sur les deux années de suivi comme valables, si on ne s'intéresse pas au cycle semi-diurne, ce qui est le cas dans cette étude.

II.4. Suivis de la physico-chimie des eaux de surface

La physico-chimie des eaux de surface du système laguno-estuarien de la Somone est mesurée au niveau de 20 stations réparties le long du chenal principal qui remonte le fleuve Somone de l'embouchure jusqu'à 4 km en amont

(Figure 17). Nous avons effectué trois suivis en saison sèche (janvier 2008, novembre 2009 et janvier 2010) et deux autres en saison humide (juillet 2009 & août 2009). Les mesures sont effectuées à marée haute afin de remonter, au maximum, la zone amont. La salinité, la conductivité, le pH et la température de l'eau ont été mesurés in-situ à l'aide de sondes spécifiques de l'Analyseur multiparamètre Consort C535.

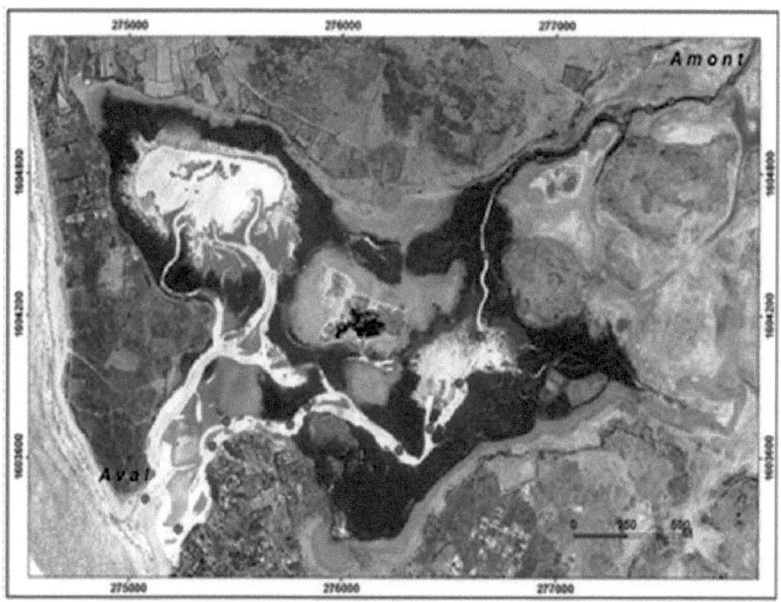

Figure 17 : Stations de mesures physico-chimiques selon un gradient longitudinal aval – amont

Les coordonnées géographiques des différentes stations de mesures sont enregistrées à l'aide d'un GPS de type Garmin Etrex H.

II.5. Mesures in situ du pH, du redox (Eh) et de la température des sédiments

Les sédiments sont prélevés par carottage avec des tubes en PVC transparents de 50 cm de longueur et 10 cm de diamètre. Les carottiers sont percés d'une série de 40 trous distants de 2 cm chacun, obstrués avec du scotch le temps de l'échantillonnage afin d'empêcher des échanges d'air et/ou des pertes d'eau (Figure 18). L'échantillonnage des carottes est fait à marée basse.

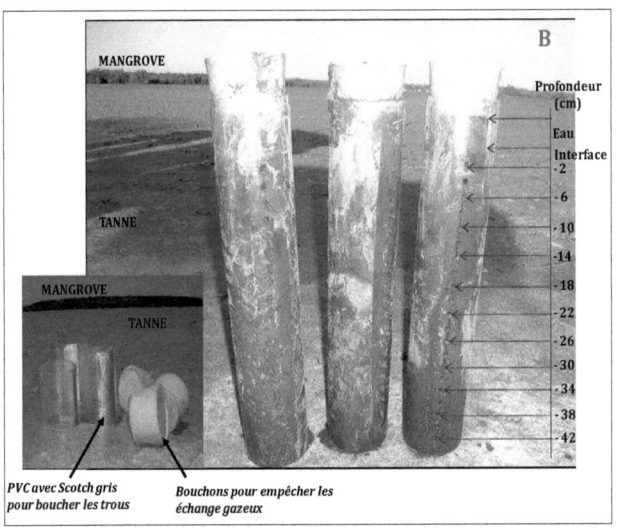

Figure 18 : Dispositif de carottage sur le tanne de l'estuaire de la Somone : (A) pendant le carottage / (B) après carottage

Après l'échantillonnage des carottes de sédiment, sont mesurés directement le pH, l'Eh et la température à l'aide d'électrodes spécifiques. Cette technique permet d'obtenir des profils verticaux de variations physico-chimiques (pH, redox, température) en fonction de la profondeur du sédiment.

II.6. Echantillonnage des eaux interstitielles

II.6.1. *Echantillonnage par carottage et centrifugation*

Les sédiments sont prélevés à l'aide de tubes en PVC non perforés de 50 cm de longueur et 8 cm de diamètre. Avant le prélèvement, les carottiers sont coupés en deux et ensuite refermés avec du scotch. Après l'échantillonnage, nous enlevons le scotch et, à l'aide d'un fil de pêche fin, découpons les carottes en 2 moitiés. La description des carottes en fonction de la profondeur nous renseigne sur la texture, la couleur, la lithologie, la présence de racines et de coquilles aux niveaux correspondants. Les différentes fractions prélevées sont stockées dans des sachets plastiques, conservées dans des glacières le temps du terrain puis mises au frigo (4°C) ou au congélateur (-20°C). Les niveaux prélevés sur la première moitié de la carotte sont : surface (0–2 cm), subsurface (10–12 cm), milieu (20-22 cm) et fond (38–40 cm). Nous avons étudié sur ces niveaux la granulométrie des sédiments, la teneur en eau et la matière organique par pyrolyse Rock-Eval. La deuxième moitié est découpée en tranches de 10 cm : 0–10, 10–20, 20–30, 30–40 cm. L'objectif est d'extraire, par centrifugation, l'eau interstitielle et d'effectuer des mesures de salinité et de conductivité.

Une deuxième carotte sédimentaire est échantillonnée. Les sédiments de cette carotte, contrairement à la précédente, sont prélevés tous les 2 cm afin d'avoir un échantillonnage fin en fonction de la profondeur. Les échantillons sont mis dans des sachets, conditionnés dans des glacières et transportés jusqu'au laboratoire. L'eau interstitielle est extraite par centrifugation à 3000 tours/mn et pendant 25 mn. Le surnageant est mis dans deux tubes de 4 ml. Une série est acidifiée et congelée pour l'analyse du carbone organique dissous (COD). L'autre série est gardée au frais pour l'analyse des cations et des anions.

II.6.2. *Echantillonnage par la technique des dialyseurs*

Cette partie traitera d'un développement méthodologique concernant l'échantillonnage de l'eau interstitielle dans le sédiment. Notre choix s'est porté sur l'utilisation des dialyseurs de type Hesslein (1976), technique in situ permettant d'échantillonner le continuum colonne d'eau-sédiment sans destructuration de l'interface. Le principe de cette méthode est basé sur la diffusion des ions d'un milieu très concentré (eau interstitielle) vers un milieu appauvri en ion au travers d'une membrane microporeuse (0,22 µm). L'échange ionique n'étant pas instantané mais variable de l'ordre de plusieurs jours à plusieurs semaines en fonction du type de milieu (Carignan, 1984 ; Mesnage, 1994, Bally *et al.*, 2004), il est donc nécessaire de calibrer le dispositif pour l'écosystème mangrove de la Somone sous climat tropical sec. Ainsi, au regard des travaux antérieurs effectués sur l'estuaire de la Seine (Bally *et al.*, 2004) et la lagune de Thau (Mesnage *et al.*, 2007), nous avons choisi comme stratégie d'implanter 7 dialyseurs sur la vasière en même temps dans un rayon de 2 m, puis de les retirer à des pas de temps successifs (11, 18, 19 et 20 jours). L'analyse des profils (cations et anions) pour chacun des temps de retrait, comparés à un profil de référence, permettra de discuter du temps d'équilibration optimal.

Dispositif des dialyseurs

Le dialyseur (Figure 19) est un instrument d'échantillonnage de l'eau interstitielle des sédiments. Il est constitué d'une plaque en plexiglas sur laquelle sont creusées deux séries de 40 logettes de 5,6 cm^3 distantes d'1 cm chacune. Chaque logette correspond à un niveau de profondeur donné. Les dimensions de l'instrument sont : épaisseur 3 cm, largeur 22 cm, longueur 51,5 cm (Bally *et al.*, 2004).

Les dialyseurs sont nettoyés dans des bains d'acide chlorhydrique à 10 % puis rincés dans des bains d'eau ultra pure (eau milliQ Millipore). Les logettes (Figure 19) sont remplies d'eau distillée dégazée avec de l'azote. Elles sont ensuite recouvertes d'une membrane de dialyse en polysulfone poreuse à 0,22 µm (Carignan, 1984 ; Montgomery et *al.*, 1996, Bally *et al.*, 2004) de type Millipore (Durapore ®) et maintenues par une plaque de fixation en plexiglas de 2 mm d'épaisseur (Figure 19). Toute la précaution du montage est de veiller à ce qu'aucune bulle d'air ne se trouve dans les logettes. Une fois le montage effectué, les dialyseurs sont dégazés pendant toute une nuit dans un bain d'eau distillée avec un bullage d'azote (qualité industrielle).

Implantation des dialyseurs dans la vasière de la Somone

Transportés sur le terrain dans des bacs hermétiquement clos sous atmosphère azotée, sept dialyseurs ont été implantés sur la vasière de la Somone le 05 Août 2008, lors de la saison humide et pour une durée maximale de 30 jours (Figure 19).

Figure 19 : Dispositif d'un dialyseur

Trente trois logettes sont enfouies dans le compartiment sédimentaire et seules sept sont au-dessus de la surface de la vasière pour échantillonner l'interface et la colonne d'eau. Ils ont été disposés dans un rayon de 2 m.

Retrait des dialyseurs

L'eau interstitielle contenue dans chaque logette est prélevée avec des seringues de 5 ml, filtrée et mise dans des tubes spécifiques de 4 ml. La disposition des logettes en série double permet d'avoir deux tubes de 4 ml d'eaux interstitielles par niveau de profondeur. Une série est acidifiée et congelée pour mesurer le carbone organique dissous (COD) et l'autre série est mise au frais pour la mesure des anions et cations

III Techniques analytiques

III.1. Analyses spatiales par Systèmes d'Information Géographique (SIG)

III.1.1. *Le set de données*

L'étude diachronique de photographies aériennes et d'images satellites couvre la période « initiale » de 1900 à 2006 avec comme pas d'échantillonnage d'une couverture (image ou photo) d'environ tous les 10 ans.

Tableau 2 : Le set de données de télédétection

Photographies aériennes			
Missions	Années	Echelles	Sources
AOF	1946	1/25.000	Mme. Niang (UCAD)
AOF	1954	1/50.000	M. Sarr (DAT)
SEN	1974	1/8.000	IGN, France
IGN	1978	1/60.000	M. Faye, UCAD
IGN	1989	1/50.000	M. Faye, UCAD

Images satellites		
Satellites	Années	Sources
Spot	1999	Geomaps_Sénégal
Spot	2002	CSE
Quick Bird	2006	Geomaps_Sénégal

L'inventaire au niveau des services compétents a permis d'obtenir 8 couvertures (Tableau 2) couvrant la période 1946 à 2006, avec 5 photographies aériennes et 3 images satellitaires. Toutes les couvertures ont été prises à la même saison (saison sèche) et à marée basse. Cette période est intéressante pour notre étude car c'est à ces dates que l'Afrique sub-saharienne a connu son plus grand bouleversement climatique (Beltrando *et al*, 1986) et toutes les conséquences notées aux plans écologique et socio-économique. Le Sénégal, situé dans ce domaine géographique, n'a pas été épargné par ce changement.

III.1.2. *Etude diachronique des données spatiales*

Afin de comparer les données spatiales de nature, de source, d'échelle et à des dates différentes, nous avons utilisé le logiciel Arc GIS 9.1.

III.1.2.a. *Cartographie de l'occupation du sol*

La technique d'analyse utilisée repose sur une démarche reconnue de traitement des données de télédétection : pré-traitement, géo-référencement, numérisation des unités et mise en forme du produit cartographique.

Le pré-traitement : il repose tout d'abord sur la connaissance de l'ensemble des unités morphologiques de l'écosystème et de leur distribution spatiale. Cette approche nous a permis de faire une pré-légende ; condition *sine qua none* pour l'identification des unités et de leur signature spectrale. Au total, sept unités morphologiques ont été recensées : mangroves, vasières nues, tannes, bancs sableux, flèche sableuse, eau (chenaux, lagune) et la terre ferme. De plus, les villages, les parcelles et les routes sont aussi identifiés (Figure 20)

Le géo-référencement : il s'agit d'effectuer des corrections géométriques sur les photographies aériennes et de les renseigner dans un même référentiel cartographique. Toute la base de données est informée dans le système WGS84 avec la projection UTM en Zone 28 Nord. Les points repères choisis pour le calage des photographies aériennes sont identifiés (i) sur la carte topographique de la zone (carte au 1/10 000, année 1976) (ii) sur des repères fixes identifiés sur les images satellites comme les intersections de route par exemple. Certains points ont été vérifiés par des relevés GPS sur le terrain. Cette étape est fondamentale en cartographie numérique car elle permet la superposition des objets afin d'en discriminer des évolutions diachroniques.

La vectorisation des entités

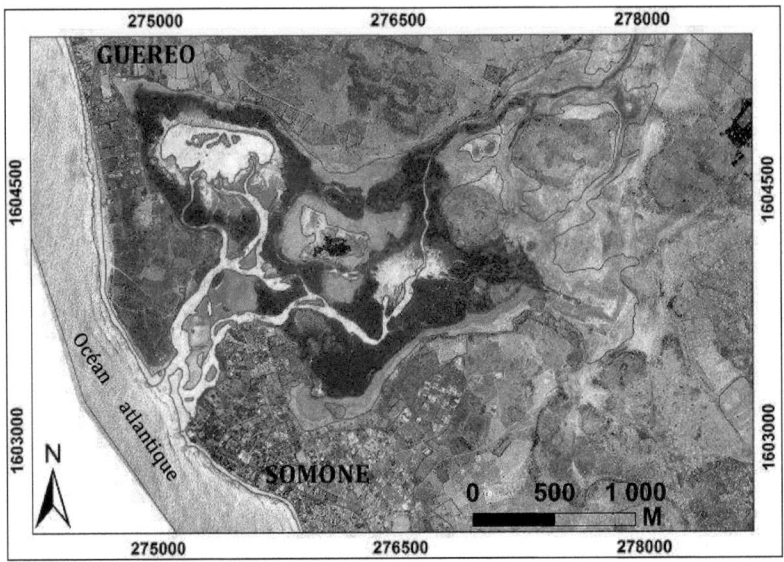

Figure 20 : Modèle de numérisation des objets

Le logiciel Arc GIS 9.1 dispose de commandes qui nous ont permis de créer pour chaque image et photographie aérienne (i) une couche « *polygone* » pour représenter les entités surfaciques : mangrove, eau, vasières, bancs sableux, tannes, flèche sableuse, village, parcelles, (ii) une couche « *polyligne* » représentant des entités linéaires : trait de côte, routes et (iii) une couche « *point* » pour marquer les entités ponctuelles : indication des villes dans le bassin versant par exemple (Figure 20). Toutes les données sont informées et stockées dans une Géodatabase personnelle.

III.1.2.b. *Dynamique des objets : calcul de surfaces*

L'écosystème de la Somone est constitué d'un ensemble d'objets naturels représentant des unités morphologiques. Les cartes d'occupation du sol montrent une dynamique spatio- temporelle de tous les objets cartographiés. Ainsi, pour quantifier cette évolution diachronique, des calculs de surfaces ont été effectués pour chaque unité. L'extension « *Easy calculate 5.0*, de Arc GIS Field calculator » a été utilisée pour les calculs.

III.1.3. *Cartographie par interpolation rasteur*

La cartographie est faite par une méthode d'interpolation spatiale à l'aide de l'outil « Spatial Analyst » d'Arc GIS : *Pondération par Inverse de la Distance*. L'interpolation s'est effectuée sur la « couche » représentant les points échantillonnés (Figure 12). La « table attributaire » contient les différents pourcentages pondéraux en sables très grossiers (STG), en sables grossiers (SG), en sables moyens (SM), en sables fins (SF), en sables très fins (STF) et en vases de chaque échantillon et les coordonnées X, Y correspondantes. Une puissance peu élevée, égale à 2, a été choisie afin d'éviter un lissage trop accentué de la représentation. La taille des cellules en sortie est de 4 m, ce qui permet d'avoir une bonne résolution cartographique.

Le logiciel Arc GIS 9.1 permet de (i) visualiser la position et la répartition spatiale des stations de suivis physico-chimiques sur l'image satellite Quick bird 2006, et (ii) cartographier par la méthode d'interpolation spatiale « *PID* » les variations spatio-temporelles de la température, du pH et de la salinité des eaux de surface de l'estuaire de la Somone.

III.2. Analyses physico-chimiques et sédimentaires

III.2.1. *Analyse des cations et des anions*

Deux appareils de chromatographie ionique ont été utilisés. Il s'agit de celui (marque Dionex) du laboratoire d'Hydrochimie de l'Université Cheikh Anta Diop de Dakar et celui (Metrohm) du laboratoire M2C de l'Université de Rouen. Les cations Ca^{2+}, Mg^{2+}, Na^+, K^+ et anions Cl^-, SO_4^- ont été mesurés à l'aide de ces appareils. Les analyses concernent tous les échantillons d'eau interstitielle obtenus soit par la technique des dialyseurs, soit par carottage/centrifugation.

III.2.2. *Analyse du Carbone organique dissous*

L'analyseur carbone *(TOC Schimadzu © 5050A)* effectue des mesures de concentrations en carbone total (TC), carbone inorganique (IC) et carbone organique total dissous (COTD). Le COTD est obtenu par différence entre le TC et l'IC. Le principe de mesure est basé sur l'analyse des gaz de combustion par infrarouge non dispersif. L'analyse se fait en deux étapes. Premièrement, l'échantillon passe par le four à 680°C. Tout le carbone est transformé en CO_2. Ce flux gazeux est transporté par un gaz pur jusqu'à un détecteur infrarouge et correspond donc à la concentration en carbone total de l'échantillon. La deuxième étape permet de mesurer le carbone inorganique. Elle consiste en une acidification de l'échantillon avec de l'acide phosphorique. On obtient une transformation des carbonates ($CaCO_3$) en dioxyde de carbone (CO_2) détecté également par infrarouge.

III.2.3. *Analyse géochimique de la matière organique particulaire*

La pyrolyse Rock-Eval (Figure 21) est une technique d'évaluation de la maturité thermique et de la géochimie globale des matières organiques (MO).

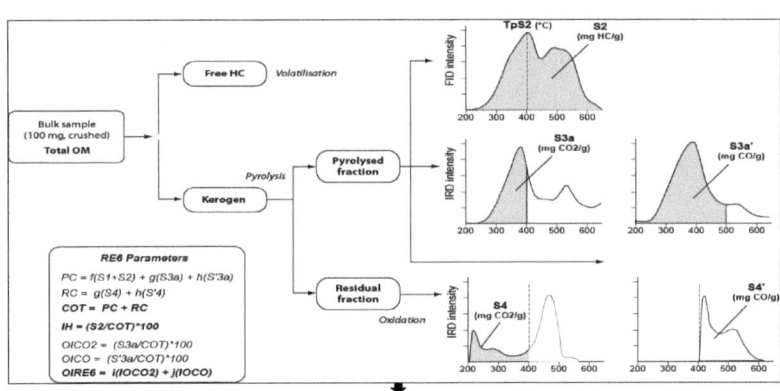

Parameters	Unity	Formules	Name
Tmax	°C		Tmax
PC	wt %	(S1 + S2)*0,083 + (S3*12/440) + (S3'*12/280)	Pyrolysed Carbon
RC	wt %	(S4'*12/280) + (S4*12/440)	Residual Organic Carbon
TOC	wt %	PC + RC	Total Organic Carbon
HI	mgHC/g TOC	S2*100/TOC	Hydrogen Index
OIRE6	mgO_2/g TOC	($IOCO_2$*32/44) + (IOCO*16/28) = (S3a*100/TOC) + (S3a'*100/TOC)	Oxygen Index

Figure 21 : Principe du Rock-Eval (RE6) et calcul des paramètres (Lafargue *et al.*, 1998)

Elle s'est d'abord appliquée principalement à l'étude de la MO géologique à des fins de recherches pétrolières (Espitalié et al., 1985 ; Lafargue et al., 1998). Aujourd'hui, cette technique s'est élargie à d'autres champs d'application notamment à celui de (i) la MO récentes à la fois des formations sédimentaires et des sols (Di Giovanni et al., 1998 ; Noël et al., 2001 ; Sebag, 2002), (ii) la MO des matières en suspension (Copard et al., 2006) et (iii) la MO de l'écosystème mangrove (Lallier-Verges et al., 1998 ; Marchand et al., 2008).

Analyse des échantillons

Les échantillons sont d'abord séchés dans une étuve ventilée à 25° C pendant une semaine. Ils sont ensuite broyés et conditionnés dans des piluliers. Le poids nécessaire est d'environ 100 mg.

Le Rock-Eval présente deux phases analytiques successives : la phase de pyrolyse et la phase d'oxydation (Figure 21).

La phase de pyrolyse

Elle consiste à chauffer, à une température programmée et sous une atmosphère inerte (azote), l'échantillon et à quantifier les dégagements gazeux. Les flux gazeux générés au cours du craquage thermique de la MO sont mesurés en continu. Ils sont représentés par les signaux S1, S2, S3a et S3'a, correspondant respectivement à la quantité d'hydrocarbures libérée (S1 et S2), au CO_2 (S3a) et au CO (S3') (Figure 21).

La phase d'oxydation

Le résidu de l'échantillon est soumis à une attaque à l'oxygène. Les effluents issus de cette réaction sont principalement du CO_2 et du CO, représentés respectivement par les signaux S4 et S4' (Figure 21). Les signaux S1, S2, S3 et S4, présentés sous forme de courbe (Figure 21), permettent de calculer des paramètres standards (Marchand et al., 2008) :

- Tmax : température à laquelle le maximum d'hydrocarbures (HC) est libéré.

- Carbone organique total (COT). Il correspond à la somme de carbone (HC, CO, CO_2) libéré lors des phases de pyrolyse et d'oxydation.

- L'Indice d'hydrogène (IH) correspond à la quantité d'hydrocarbures libérée (S2/COT). Il est exprimé en mg HC/g COT et corrélé au rapport H/C.

- L'Indice d'oxygène (IORE6) correspond à la quantité d'oxygène (CO et CO_2) libérée lors de la phase de pyrolyse. Il est exprimé en mg O_2/g COT et corrélé au rapport O/C.

Ces paramètres sont des marqueurs géochimiques pouvant servir à la caractérisation de la matière organique des sols (Disnar et al., 2000).

III.2.4. Analyses sédimentaires

III.2.4.a. Teneur en eau

La teneur en eau définit l'état hydrique du sédiment. Elle est notée par W et est exprimée en pourcentage. L'échantillon sédimentaire humide est pesé avec une balance de précision (10^{-2} g) et séché dans une étuve à 45 °C pendant 5 jours. Il est ensuite placé dans un dessicateur pendant 24 h, puis pesé à nouveau. La teneur en eau est calculée par la formule suivante :

$$W (\%) = \frac{\text{masse sédiment humide} - \text{masse sédiment sec}}{\text{masse sédiment sec}} \times 100$$

La teneur en eau des sédiments à la surface des vasières intertidales varie entre 50 et 250 % (Deloffre, 2005). Elle est fonction de la granulométrie des sédiments, du temps d'exondation et augmente avec le pourcentage d'argile. Les sédiments sableux (63 µm < sable < 2 mm) présentent des teneurs en eau plus faibles. Sur la Somone par exemple, elles sont inférieures à 20 %.

III.2.4.b. Granulométrie des sédiments

✓ Granulométrie laser

L'analyse granulométrique des sédiments prélevés sur les quatre unités de la radiale est faite grâce à un granulomètre laser LS230 suivant un large spectre de la gamme des argiles aux sables (0,04 à 2000 µm). La granulométrie laser est bien adaptée à l'étude sédimentaire des vasières intertidales car, constituées souvent d'un mélange vaso-sableux. Les tailles sont déterminées à travers l'analyse du diagramme de diffusion/diffraction de la lumière par une suspension aqueuse. Les classes granulométriques sont exprimées en % de taille : argiles < 2 µm /   2 µm < silts < 63 µm /   63µm < sables < 2 mm.

✓ Granulométrie par tamisage

La méthode de granulométrie par tamisage consiste à effectuer un lavage des sédiments sur un tamis de 63 µm afin de séparer la fraction fine (argiles et silts, < 63 µm) de la fraction sableuse. Les échantillons sont ensuite séchés pendant 24 h dans une étuve à 60°C. Après séchage, la fraction inférieure à 63 µm est pesée directement avec une balance de précision (10^{-2} g) alors qu'une colonne de 16 tamis (2 mm à 63 µm) est utilisée pour déterminer la granulométrie de la fraction sableuse. Le poids des différentes fractions granulométriques a été saisi dans le logiciel *Granush* du SHOM. Le logiciel calcule automatiquement les pourcentages pondéraux de chaque fraction granulométrique et détermine les paramètres sédimentologiques ainsi que les indices correspondants.

***Les fractions granulométriques retenues** (d = diamètre équivalent sphérique*)

Granules : d > 2 mm

Sables Très Grossiers (STG): 2 mm ≤d< 1 mm

Sables Grossiers (SG) : 1 mm ≤d< 0,5 mm

Sables Moyens (SM) : 0,5 mm ≤d< 0,25 mm

Sables Fins (SF) : 0,25 mm ≤d< 0,125 mm

Sables Très Fins (STF) : 0,125 mm ≤d< 0,063 mm

Argiles et Silts : d ≤ 0,063 mm

Calcul des indices granulométriques

Les indices granulométriques sont calculés automatiquement par le logiciel GRANUSH du SHOM.

- **Le mode** : il est déterminé par le point d'inflexion des courbes cumulées.
- **La médiane** : appelée P_{50} ou $Ø_{50}$, la médiane correspond à la taille des particules pour une masse cumulée de 50 % de sédiment. Si l'échantillon est

unimodal, le nom attribué à un sédiment est généralement défini par sa médiane (Folk et Ward, 1957).

- **Le coefficient de classement ou Sorting Index (S_O)** : il correspond à un écart-type et renseigne donc sur la dispersion d'une courbe granulométrique.
So = $(1/100*\int_{0}^{100} (Xi-Mz)^2 dy)^{1/2}$ où X est la taille en unités Ø de la particule et Y le pourcentage mesuré pour cette taille. Ainsi, selon sa valeur, le sédiment sera très bien classé (So ≤ 0,35), bien classé (0,35 < So ≤ 0,50) modérément bien classé (0,50 < So ≤ 0,71), mal classé (0,71 < So ≤ 1), très mal classé (1 < So ≤ 4) et non classé (So > 4).

- **Le coefficient d'asymétrie ou Skewness (Sk)** : il renseigne sur la polarité d'une courbe granulométrique et permet alors de définir la fraction dominante, soit grossière soit fine.
Sk = $(1/100*\int_{0}^{100} (Xi-Mz)^3 dy)/So^3$
La courbe est dite symétrique si Sk = 0. Si Sk varie entre 0 et 1, l'asymétrie est dite positive et indique une prédominance vers les sédiments grossiers. Si le Sk varie entre 0 et – 1, l'asymétrie est dite négative, avec donc une prédominance des sédiments fins.

III.2.4.c. *Détermination de la teneur en carbonates*

Cette analyse a concerné uniquement les sédiments prélevés sur la flèche sableuse. L'analyse consiste d'abord à effectuer un lavage afin d'enlever le sel. Plusieurs étapes sont ensuite suivies :
- séchage des échantillons lavés dans une étuve à 60°C pendant 24 h,
- pesage avec une balance de précision (10^{-2} g) pour déterminer le poids total de l'échantillon,
- attaque à l'acide chlorhydrique (HCl 30 %) pour la décarbonatation,
- lavage du restant de l'échantillon sédimentaire,
- séchage à l'étuve pendant 72 h, puis pesage à nouveau de l'échantillon,
- le poids des carbonates est calculé par différence de masse entre le poids total de l'échantillon et celui de l'échantillon restant après attaque à l'acide.

III.3. Développement méthodologique : Estimation d'un temps d'équilibration optimal des dialyseurs en domaine de mangrove sous contrainte climatique.

Les dialyseurs utilisés dans ce travail de thèse ont été conçus par le laboratoire M2C en 2001 et utilisés sur l'estuaire de la Seine, en France (Bally, 2003). Le temps d'équilibration de 23 jours défini pour les vasières intertidales de l'estuaire de la Seine (Bally et al., 2004) n'est pas valable pour un autre milieu et encore moins pour les vasières en domaine tropical sec, caractérisées par un fort contraste saisonnier. Il s'avère par conséquent nécessaire de recalibrer l'instrument afin de définir un temps d'équilibration spécifique à l'écosystème de mangrove de la Somone. L'étude a été effectuée en saison humide, en août 2008.

Les profils de concentrations des eaux interstitielles en sodium (Na^+), potassium (K^+), magnésium (Mg^{2+}), calcium (Ca^{2+}), chlorures (Cl^-) et sulfates (SO_4^{2-}), présentés dans la Figure 22, sont ceux du test d'équilibration des dialyseurs sur la vasière intertidale de l'estuaire de la Somone. Chaque graphique (A, B, C, D, E et F) présente les variations de concentrations (mg/l) des eaux interstitielles respectivement en Na^+, K^+, Mg^{2+}, Ca^2, Cl^-, et en SO_4^{2-} en fonction de la profondeur du sédiment aux quatre dates du test d'équilibration : à 11 jours (en bleu), à 18 jours (en vert), à 19 jours (en violet) et enfin à 20 jours (en rouge), notés respectivement dans la légende T_{11}, T_{18}, T_{19} et T_{20} (Figure 22). Les courbes en noir, notées T_0 dans la légende, représentent la variation des concentrations de chaque élément dissous dans les eaux interstitielles en fonction de la profondeur. Mais, ces eaux interstitielles ont été prélevées avec une autre méthode : carottage et centrifugation. Ces courbes nous serviront de profils de « référence » pour chaque élément dissous et seront comparées aux profils T_{11}, T_{18}, T_{19} et T_{20} issus du test d'équilibration des dialyseurs. Il s'agit alors d'estimer quel profil se rapproche le plus ou se superpose au profil de « référence ». Le temps optimum de l'équilibration est alors atteint lors qu'un profil de dialyseur se superpose au profil de référence

Quel que soit l'élément dissous considéré (cations, anions), il apparaît que l'allure des profils, en fonction de la profondeur, présente deux niveaux bien distincts : (i) de 0 à 10 cm sous la surface du sédiment, où les variations entre les différents temps d'équilibration sont très importantes, (ii) un niveau profond (10-33 cm) caractérisé par des variations temporelles plus faibles (Figure 22).

Nous détaillerons pour chaque élement, les variations des concentrations par rapport à celles du profil de référence afin de choisir le temps d'équilibration qui paraît optimum. Ce choix permettra la validation et le déploiement de cette méthode pour la caractérisation de la chimie des eaux interstitielles des vasières intertidales en domaine tropical sec (pour les écosystèmes de mangrove).

✓ Sodium (Na^+)

Les concentrations en Na^+ du profil de référence présentent de faibles variations en fonction de la profondeur (Figure 22. A). Entre 0 et -12 cm, les concentrations sont stables, 11 920 mg/l de Na^+ en moyenne. On remarque une légère augmentation entre -13 et -26 cm de profondeur, avec respectivement 12 190 mg/l et 13 336 mg/l. Hormis le pic de diminution observé à -28 cm, les concentrations en profondeur (-26 cm à -38 cm) sont stables avec une moyenne de 12 780 mg/l (Figure 22. A). La concentration moyenne est d'environ 12 620 mg/l.

Si on analyse maintenant les profils de concentration en Na^+ du test d'équilibration, on remarque des variations temporelles importantes, notamment de la colonne d'eau jusqu'à -10 cm de profondeur dans le sédmient (Figure 22. A). Ces variations se caractérisent par une diminution des concentrations entre 11 jours et 18 jours, et une augmentation progressive à 19 jours puis à 20 jours (Figure 22. A). Le profil à 11 jours est le plus proche du profil de référence et se superpose même à celui-ci entre 0 et -5 cm de profondeur environ (Figure 22. A). A partir de 11 cm jusqu'au fond, à -38 cm, les profils à 11, 18, 19 et 20 jours semblent se superposer alors que les concentrations du profil de référence sont légèrement plus fortes.

✓ **Potassium (K^+)**

Les eaux interstitielles de la vasière de l'estuaire de la Somone montrent des variations très faibles en K^+ en fonction de la profondeur. Les concentrations augmentent légèrement de 385 mg/l à 450 mg/l entre 0 et -6 cm, puis se stabilisent autour de 520 mg/l jusqu'à -26 cm et enfin diminuent avec la profondeur jusqu'à 498 mg/l à -38 cm en profondeur (Figure 22. B). La concentration moyenne des eaux interstitielles de la vasière en K^+ est de 476 mg/l.

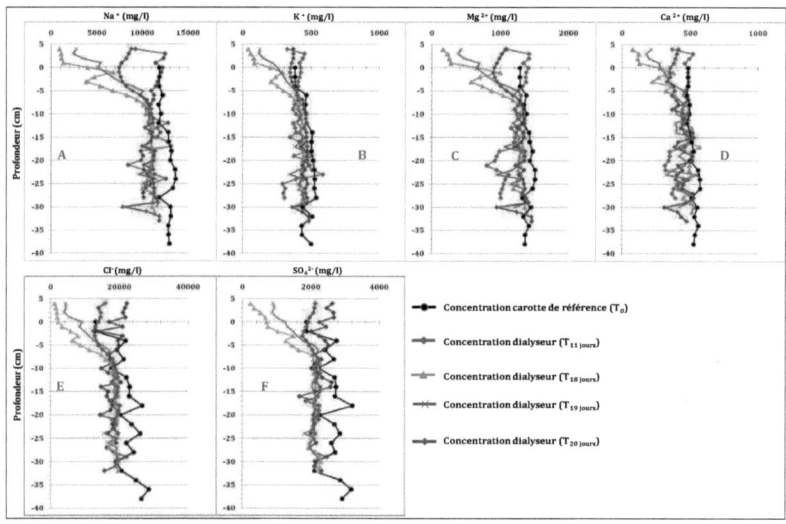

Figure 22 : Profils de concentrations des eaux interstitielles en ions majeurs (août 2008)

Les profils du test d'équilibration présentent des concentrations en K^+ qui varient avec le temps et en fonction de la profondeur du sédiment (Figure 22. B). Entre 0 et -10 cm environ, les concentrations diminuent à 18 jours, augmentent à 19 puis à 20 jours. A partir de 11 cm et jusqu'à -38 cm en profondeur, les profils à 11, 18, 19 et 20 jours semblent se superposer autour d'une valeur moyenne de 400 mg/l avec toutefois, des concentrations en K^+ plus faibles que celles du profil de référence (Figure 22. B).

✓ **Magnésium (Mg^{2+})**

Les concentrations en Mg^{2+} des eaux interstitielles de la vasière intertidale indiquées par le profil de référence, varient peu avec la profondeur du sédiment (Figure 22. C). La concentration moyenne est d'environ 1 406 mg/l (de 0 à -38 cm). Elles sont stables autour d'une valeur moyenne de 1 390 mg/l entre 0 et -10 cm de profondeur, augmentent progressivement de 1 330 mg/l à -12 cm jusqu'à 1 478 mg/l à -26 cm, puis diminuent jusqu'à 1 367 mg/l à -38 cm de profondeur (Figure 22. C).

Les profils du test d'équilibration présentent des variations importantes surtout dans les 10 premiers cm du sédiment. Les concentrations en Mg^{2+} diminuent entre 11 et 18 jours puis augmentent à 19 et à 20 jours mais, seulement entre 0 et -10 cm de profondeur (Figure 22. C). Hormis les pics de diminution observés entre -18 et -22 cm sur le profil à 11 jours, le test d'équilibration montre une stabilité des variations avec des profils qui semblent se superposer entre -11 cm et -33 cm de profondeur (Figure 22. C). Ainsi, jusqu'à environ -5 cm, les profils à 11 jours et de référence se superposent, alors qu'en profondeur (-10 à -33 cm), le profil de référence montre des concentrations légèrement plus fortes que celles issues du test d'équilibration, à 11, 18, 19 et à 20 jours (Figure 22. C).

✓ **Calcium (Ca^{2+})**

Le profil de référence présente des concentrations en Ca^{2+} qui varient très peu avec la profondeur du sédiment (Figure 22. D). Elles sont stables autour de 483 mg/l entre 0 et -10 cm puis augmentent légèrement jusqu'à 572 mg/l à -26 cm avant de diminuer jusqu'à 525 mg/l à -38 cm de profondeur (Figure 22. D). Les eaux interstitielles de la vasière présentent ainsi une concentration moyenne en Ca^{2+} de 515 mg/l.

L'analyse des profils du test d'équilibration montre des variations temporelles importantes, notamment dans les 10 premiers cm de la colonne sédimentaire (Figure 22. D). Nous remarquons une diminution des concentrations en Ca^{2+} à 18 jours puis une augmentation progressive à 19 et à 20 jours entre 0 et -10 cm. A partir de -11 cm jusqu'à -33 cm, les profils semblent se superposer hormis les pics de diminution observés sur le profil à 11 jours entre -18 et -22 cm de profondeur. Toutefois, entre 0 et -10 cm environ, le profil à 11 jours se superpose au profil de référence alors qu'au-delà (-11 cm jusqu'à -33 cm), le profil de référence indique des concentrations légèrement plus fortes que celles des profils à 11, 18, 19 et à 20 jours (Figure 22. D).

✓ **Chlorures (Cl^-)**

Le profil de référence montre des concentrations en chlorures qui varient fortement avec la profondeur du sédiment (Figure 22. E). Elles varient de 13 000 mg/l en surface à 17 650 mg/l à -10 cm et jusqu'à 26 460 mg/l à -38 cm de profondeur.

Les profils à 11, 18, 19 et à 20 jours présentent également de fortes variations notamment dans les 10 premiers cm du sédiment (Figure 22. E). Les concentrations ont fortement diminué à 18 jours puis ont augmenté progressivement à 19 et à 20 jours. Ainsi, entre 0 et -10 cm, le profil à 11 jours semble se rapprocher le plus du profil de référence. De -11 cm jusqu'au fond (-33 cm), les profils à 11, 18, 19 et à 20 jours semblent se superposer alors que le profil de référence est plus concentré en chlorure (Figure 22. E).

✓ **Sulfates (SO_4^{2-})**

Le profil de référence des sulfates indique des concentrations qui varient fortement avec la profondeur (Figure 22. F). Elles augmentent de 1 876 mg/l en surface à 3 192 mg/l à -18 cm avant de diminuer jusqu'à 2 921 mg/l à -38 cm de profondeur.

Les profils du test d'équilibration montrent que les 10 premiers cm du sédiment sont caractérisés par de fortes variations des teneurs en sulfates. Les concentrations ont diminué à 18 jours avant d'augmenter progressivement à 19 jours puis à 20 jours. A partir de -10 cm jusqu'à -33 cm, les profils à 11, 18, 19 et 20 jours se superposent et montrent des concentrations stables autour de 2 100 mg/l (Figure 22. F). Le profil à 11 jours semble se superposer au profil de référence entre 0 et -6 cm, alors qu'en profondeur (-7 à -33 cm), les concentrations du profil de référence sont plus fortes que celles à 11, 18, 19, et à 20 jours (Figure 22. F).

Ainsi, au regard de l'analyse des différents éléments (Na^+, K^+, Mg^{2+}, Ca^{2+}, Cl^- et SO_4^{2-}), nous constatons que les profils à 11 jours présentent des concentrations les plus proches de celles des profils de la carotte de référence, mais seulement entre 0 et -10 cm de profondeur environ. Le fait marquant est la forte diminution des concentrations observée sur les profils à 18, 19 et 20 jours entre 0 et -10 cm de profondeur. Elle pourrait être due à la dilution des eaux interstitielles par les eaux de pluies suite aux précipitations enregistrées du 14ème au 16ème jour.

Ainsi, nous remarquons que pour tous les éléments chimiques l'équilibration du dialyseur semble effective à 11 jours mais, uniquement dans les 10 premiers cm du sédiment (Figure 22). La diminution des concentrations à 18, 19 et 20 jours observée entre 0 et -10 cm de profondeur, montre que la vasière intertidale est très réactive aux apports d'eau de pluie. Les 10 premiers cm du sédiment de la vasière sont des dépôts récents (Sakho et al., 2011) et les échanges ioniques y semblent plus importants. En profondeur (de -10 à -33 cm), l'équilibration semble nécessiter un temps plus long. Le plus souvent, c'est le profil à 20 jours qui se rapproche le plus du profil de référence (Figure 22). Ces dépôts en profondeur sont des sédiments de l'ancienne vasière à mangrove observée entre 1946 et 1954 (Sakho et al., 2011). Ils ont dû subir d'importants phénomènes de tassement et de compaction ce qui par conséquent pourrait ralentir les échanges ioniques et donc retarder l'équilibration.

A l'issue de l'analyse des profils des différents élements dissous, nous retiendrons un temps d'équilibration optimal de 11 jours pour les 10 premiers cm du sédiment. Ce temps est beaucoup plus court que celui de 23 jours défini par Bally et al., (2004) pour les estuaires en milieu tempéré. Les facteurs environnementaux (température, salinité) spécifiques aux estuaires en milieu tropical à saisons très contrastées semblent expliquer l'importance des réactions biogéochimiques. Toutefois, ce temps d'équilibration de 11 jours est défini pour la saison humide. Il faudrait recalibrer les dialyseurs pour déterminer un temps d'équilibration spécifique à la saison sèche.

La méthode d'échantillonnage par dialyseur présente des limites pour l'étude de la chimie des eaux interstitielles des vasières intertidales sous climat tropical à saisons très contrastées. En saison humide, les précipitations perturbent l'équilibration des dialyseurs par des phénomènes de dilution, surtout pour les sédiments de surface constitués par des dépôts récents. Cette méthode n'est donc pas adaptée si l'on veut caractériser, en saison humide, la chimie de la colonne d'eau et des eaux interstitielles entre 0 et -10 cm de profondeur dans le sédiment. D'ailleurs, aucune méthode n'est adaptée car pendant la saison humide, les phénomènes de dilution des eaux interstitielles par les eaux de pluie sont toujours présents. Le test d'équilibration doit être réalisé en saison sèche afin de mieux valider la méthode. Le contraste saisonnier est un paramètre déterminant dans la caractérisation des écosystèmes côtiers de mangrove en domaine tropical sec.

IV Conclusions

Les méthodes décrites ci-dessus ont permis de réaliser une approche pluridisciplinaire et intégrée d'échelles spatiales et temporelles combinant mesures de terrain et analyses en laboratoire. Toutefois, certaines difficultés ont été rencontrées. Pour la reconstitution de l'histoire morphologique de l'écosystème laguno-estuarien de la Somone, nous nous sommes confrontés à des problèmes liés : à la mise à disposition des données de télédétection et des données climatiques, à la diversité des structures publiques et privés en charge de la production cartographique au Sénégal, à l'accès à des personnes ressources pouvant nous donner des informations et des orientations précises.

Dans le deuxième volet terrain de la thèse, des problèmes techniques ont été rencontrés :

✓ La diversité des lieux de stockage du matériel de terrain a nécessité une grande capacité organisationnelle. La prise de contact, tout au début de la thèse, avec les responsables des laboratoires partenaires de l'UCAD (Hydrochimie, Sédimentologie, Géographie physique et Géologie de l'IFAN) a permis de mieux structurer nos activités de recherche et de mieux organiser le séjour au Sénégal.

✓ Un temps de travail très long pour les dialyseurs : la préparation, le montage, l'implantation, le retrait, le conditionnement et l'analyse des échantillons.

✓ La panne de la chromatograhie ionique du laboratoire d'hydrochimie de l'UCAD a fait que les échantillons d'eau interstitielle ont été congelés et transportés à Rouen (laboratoire M2C) pour les analyses.

✓ Les deux modèles de carotte utilisés sont fabriqués pendant la thèse avec des difficultés liées surtout au dimensionnement.

✓ L'éloignement de la vasière par rapport à l'embouchure a imposé un déplacement en pirogue à marée haute et à pied à marée basse.

✓ Difficulté de surveillance du matériel expérimental (Altus) car, à marée basse, la vasière est accessible à pied. L'altimètre a été endommagé et la sonde de température a disparu après 3 mois d'enregistrements.

✓ Le soutien de Touré dit Zizou a été déterminant à la fois dans les campagnes de terrain mais aussi pour la surveillance quotidienne du matériel expérimental.

Toutefois, malgré ces difficultés, la démarche méthodologique utilisée, sur un terrain d'étude mal connu et caractérisé par un fort contraste saisonnier, semble être efficace.

CHAPITRE III.

EVOLUTION DE LA MANGROVE DE LA SOMONE DEPUIS 60 ANS

I. Synthèse de l'analyse diachronique..84-90

II. Dynamique de la mangrove de Somone (article publié à Estuarine, Coastal and Shelf Science, Sakho *et al.*, 2011)...................................92-103

Ce chapitre traite de l'évolution pluridécennale des unités morphologiques de l'estuaire de la Somone. La période d'analyse s'étend de 1946 à 2006. Cette échelle temporelle est intéressante car, marquée par trois périodes aux caractéristiques climatiques différentes et contrastées. Les années 1940 et 1950 ont été très humides alors que les années 1970 et 1980 ont été très sèches (les sécheresses au Sahel). Les années 1990 et 2000 correspondent à une période où l'on remarque une amélioration des conditions pluviométriques, comparé à la période précédente (Fall *et al.*, 2006). En effet, cette évolution climatique contrastée a conduit à une modification des rapports entre les populations locales et le milieu naturel. A chaque phase d'évolution climatique correspond un modèle d'usage qui sans doute représente une stratégie d'adaptation des populations locales. Ainsi, se pose toute la problématique de la compréhension de l'évolution à long terme d'un écosystème côtier au regard de facteurs forçants que sont le climat et les usages par l'Homme

Cette étude essaie de reconstituer l'évolution des unités morphologiques de la lagune de la Somone en relation avec les variations climatiques et/ou les activités anthropiques et essaie aussi de discriminer les deux. Nous présenterons dans un premier temps le cadre général de l'évolution morphologique avec notamment des éléments non publiés, puis dans un second temps sera présenté l'article publié à Estuarine, Coastal and Shelf Science sur ce sujet.

I Synthèse de l'analyse diachronique

L'étude s'appuie principalement sur l'analyse diachronique des produits cartographiques issus d'un traitement SIG de cinq photographies aériennes et de trois images satellites prises à des dates différentes (cf. Chapitre Matériels et Méthodes). Parmi les facteurs naturels qui influencent la dynamique spatio-temporelle des systèmes estuariens tropicaux figure au premier plan la sécheresse. L'analyse des données pluviométriques, recueillies à la station de Mbour, a permis de comprendre l'impact de l'évolution pluviométrique sur la dynamique des unités morphologiques de l'écosystème, dont la mangrove en particulier. L'impact anthropique est analysé à travers les usages et leur changement temporel à partir de données issues d'une enquête socio-économique dans les villages de Somone et de Guéreo.

Les résultats cartographiques (Figure 24) montrent une évolution spatio-temporelle de toutes les unités morphologiques de l'écosystème (mangrove, vasières, tannes, bancs et cordons sableux). Nous avons également observé une dynamique spatiale de l'occupation humaine avec des implantations de plus en plus importantes. Ainsi, au regard de l'évolution de toutes les unités morphologiques, celles de la mangrove et de la flèche sableuse ont été les plus spectaculaires. Cette étude sera donc focalisée essentiellement sur l'évolution des surfaces de mangrove et la mobilité de l'embouchure et ce, au regard des variations naturelles (sécheresse) et anthropiques (usages).

I.1. Evolution de la pluviométrie au cours de la période 1931-2009

Les cumuls annuels normalisés des précipitations enregistrées à la station de Mbour entre 1931 et 2009 montrent des variabilités inter-annuelles très marquées (Figure 23). La méthode LOESS (régression polynomiale locale non paramétrique) appliquée sur cette série de données de 79 ans permet d'apprécier l'évolution à long terme de la tendance (Loess 100 %). L'ajustement d'une fenêtre de largeur plus petite (Loess 20 %) met en évidence la variabilité pluriannuelle.

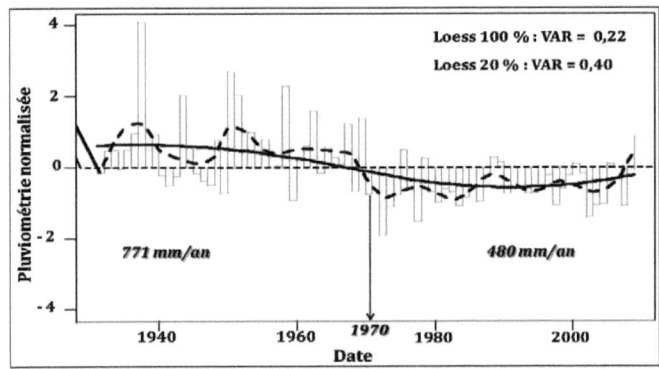

Figure 23 : Cumuls annuels des pluies normalisés et tendances (régression polynomiale locale non paramétrique, Loess) de 1931 à 2009 : Loess 100 % (trait continu) et Loess 20 % (pointillés).

L'analyse de la tendance à long terme (Loess 100 %) montre un changement de régime en 1970 mettant ainsi en évidence deux périodes contrastées : une période humide entre 1931 et 1969 et une période sèche de 1970 à 2009 (Figure 23). La moyenne pluviométrique est passée de 771 mm.an^{-1} au cours de la période humide à 480 mm.an^{-1} lors de la période sèche. L'observation de la variabilité pluriannuelle (Loess 20 %) indique également le changement de régime en 1968 (Figure 23). Cette variabilité montre quelques anomalies négatives durant la période humide notamment entre 1940 et 1942 et de 1945 à 1947. Lors de la période sèche, nous observons deux années successives, 1987 et 1988, marquées par des anomalies positives (Figure 23). L'évolution à long terme de la tendance ainsi que la variabilité pluriannuelle des précipitations enregistrées à la station de Mbour sont identiques à celles observées à grande échelle, au Sahel (Le Barbé et al., 2002 ; Dieppois et al., 2011, sous presse).

I.2. Evolution des surfaces de mangrove

Nous avons choisi d'illustrer les périodes clés de l'évolution des surfaces de mangrove à savoir 1946, 1954, 1974, 1978, 1999 et 2006 (Figure 24). Nous n'avons pas présenté la carte de 1989 car elle présente les mêmes surfaces de mangrove qu'en 1978. La présentation de la carte de 1978 permet de mieux rendre perceptible l'ampleur du phénomène d'évolution des surfaces de mangrove en quatre ans seulement (1974 à 1978). Ainsi, trois phases principales se distinguent quant à la dynamique spatio-temporelle des surfaces occupées par la mangrove: (i) une diminution de 1946 à 1978, (ii) une mangrove presque inexistante entre 1978 et 1989 et (iii) une augmentation de leur surface entre 1990 et 2006.

Diminution des surfaces de mangrove de 1946 à 1978

La Figure 24 montre la régression de la mangrove : en 32 ans, plus de 1,3 km^2 de mangrove ont disparu. Cette régression s'est produite en deux étapes : (i) de 1946 à 1974 où 0,9 km^2 disparaissent, (ii) de 1974 à 1978 où 0,4 km^2 disparaissent. Il faut souligner l'accélération dans la diminution des surfaces de mangrove durant les quatre dernières années de cette phase de dégradation de la mangrove de la Somone. De plus, les surfaces de mangrove dégradées sont remplacées par des vasières nues (Figure 24). Une proportionnalité inverse existe entre ces deux unités sur la période d'étude. La surface des vasières nues est passée de 0,7 km² en 1974 à environ 1,2 km² en 1978.

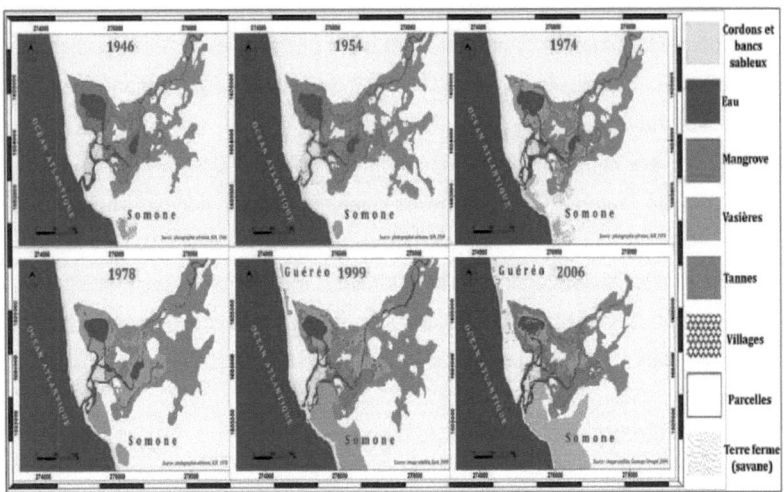

Figure 24. Cartographie de l'évolution spatio-temporelle des unités morphologiques de l'écosystème de la Somone (1946 – 2006)

Disparition quasi complète de la mangrove entre 1979 et 1989

Cette période est marquée par une relative stabilisation des surfaces de mangrove. Celles-ci ont varié entre 0,17 km² en 1978 et 0,12 km² en 1989 (Figure 24) soit une régression de 0,05 km² en 11 ans. La mangrove a quasi disparu au profit de vasières nues.

Augmentation de la surface des mangroves de 1990 à 2006

La figure 23 montre l'expansion importante des mangroves entre 1990 et 2006. Les surfaces occupées par les mangroves sont passées de 0,1 km² en 1989 à 0,6 km² en 1999 et à plus d'1 km² en 2006 (Figure 24) ; soit une progression de 0,9 km² en 17 ans. Comme constaté durant la phase de régression, la proportionnalité entre surfaces de mangrove et vasières nues est inverse aussi dans cette phase de recolonisation. Pour les vasières nues, cette surface est passée de 1,2 km² en 1978 à 0,3 km² en 2006 (Figure 24). Ces résultats montrent que la recolonisation de la mangrove se fait sur des espaces occupés initialement par la mangrove (Figure 24).

I.3. Morphodynamique de la flèche sableuse

La dynamique de la flèche sableuse de la Somone a entraîné deux fermetures de l'embouchure. La première s'est produite entre 1967 et 1969 et la deuxième en 1987. Le mécanisme de comblement est naturel, par progression de la flèche sableuse vers le Nord. Pendant ces périodes de fermeture de l'embouchure, l'écosystème de la Somone est déconnecté de la mer et les apports d'eau marine n'arrivent plus dans l'estuaire. Le milieu devient confiné (Cooper, 2001) accentuant ainsi les processus d'hypersalinisation, conditions fatales pour le développement et la survie des espèces de mangrove, les *Rhizophora* en particulier. Par contre le mécanisme de réouverture de l'embouchure est artificiel. Le service du Génie Militaire de l'armée sénégalaise est intervenu après chaque comblement par des opérations de dragage (Kaly, 2001).

I.4. Occupation humaine et activités socio-économiques

Le village de la Somone est marqué par une forte dynamique spatio-temporelle (Figure 24). Les surfaces habitées sont passées d'environ 0,1 km^2 en 1946 à plus de 6 km^2 en 2006. Traditionnelle à l'origine, cette société a connu un processus d'urbanisation accélérée à partir des années 1990. Le tourisme balnéaire se développe et entraîne ainsi une forte pression foncière et une occupation humaine incontrôlée du littoral de la Somone. La flèche sableuse a fait l'objet d'une exploitation intense afin d'alimenter l'industrie immobilière en pleine expansion dans la zone. L'exploitation traditionnelle des huîtres sur les racines échasses des *Rhizophora* s'est accompagnée d'une importante coupe de racines (Cormier-Salem, 1994 ; FAO, 2007). Les espèces de mangrove ont également été exploitées pour le bois de chauffage car, il constituait la principale source énergétique des populations de Somone. A l'échelle du bassin versant de la Somone, les barrages de Bandia et de Kissane ont été mis en place, respectivement en 1999 et 2000.

De plus, le début des années 1990 a été marqué par une prise de conscience importante des populations locales. Elle s'est traduite par un changement de comportement et des usages. Toutes les activités liées aux coupes de racines et à l'exploitation du bois de palétuviers ainsi que l'extraction du sable de plage sont interdites. Les politiques de restauration de la mangrove de Somone lancées depuis 1995 (Kaly, 2001) ont permis une meilleure coordination de l'activité de reboisement de la mangrove pratiquée par les populations locales depuis 1992. Les campagnes de reboisement de décembre 1997, de mars et décembre 1998 ont connu un réel succès avec respectivement des taux de survie de 72 %, 91 % et 88 % (Kaly, 2001). Environ 0,2 km^2 de mangrove a été reboisé. A ces activités anthropiques s'ajoute également la régénération naturelle qui, selon Kaly (2001) connaît une dynamique importante dans l'écosystème laguno-estuarien de la Somone.

I.5. Conclusions

L'analyse diachronique de l'évolution des surfaces de mangrove de l'écosystème de la Somone montre clairement deux tendances : une phase de diminution entre 1946 et 1989, et une phase de recolonisation entre 1990 et 2006. L'activité anthropique est l'une des principales causes des évolutions observées sur les surfaces de mangrove de la Somone. La disparition de la mangrove est liée à l'importance des usages du bois de palétuvier pour des besoins domestiques. Les campagnes de reboisement ont été déterminantes dans le processus de regénération de la mangrove. Les facteurs naturels, tels que la sécheresse mais aussi et surtout les fermetures de l'embouchure en 1967-1969 puis en 1987, ont entraîné une hypersalinisation du système conduisant ainsi au recul considérable observé sur les surfaces de mangrove entre 1946 et 1989. Les mangroves apparaîssent ainsi comme de véritables enregistreurs d'événements climatiques mais aussi de bons indicateurs de l'évolution des littoraux. Cette étude a par ailleurs montré que les mangroves de la Somone sont remplacées par des vasières nues et non par des tannes, comme c'est le cas au Saloum et en Casamance. Elle a montré également que l'écosystème mangrove est très fragile et que les dommages subis par les mangroves de la Somone sont réversibles à des pas de temps courts, lorsque les conditions environnementales, principalement la marée, sont favorables. L'intervention des autorités politiques et des Organisations Non Gouvernementales en collaboration avec les populations locales est fondamentale pour la restauration de l'écosystème de mangrove.

II Dynamique de la mangrove de Somone entre 1946 et 2006 (Sakho et al., 2011, Estuarine, Coastal and Shelf Science)

The influence of natural and anthropogenic factors on mangrove dynamics over 60 years: the Somone Estuary, Senegal

Sakho I. [a,b,*], Mesnage V. [a], Deloffre J. [a], Lafite R. [a], Niang I. [b], Faye G. [c]

a. Laboratoire de Morphodynamique Continentale et Côtière, Université de Rouen, UMR CNRS 6143, 76 821 Mont-Saint Aignan, Cedex, France

b. Département de Géologie, Faculté des Sciences et Techniques, Université Cheikh Anta Diop de Dakar, Sénégal

c. Département de Géographie, Faculté des Lettres et Sciences Humaines, Université Cheikh Anta Diop de Dakar, Sénégal

* Corresponding author. Université de Rouen, UMR CNRS 6143, 76 821 Mont-Saint Aignan, Cedex, France
Tel.: +33 2 35 14 69 48; fax +33 2 35 14 70 22
E-mail address: issa.sakho@gmail.com

The influence of natural and anthropogenic factors on mangrove dynamics over 60 years: The Somone Estuary, Senegal

Issa Sakho [a,*], Valérie Mesnage [a], Julien Deloffre [a], Robert Lafite [a], Isabelle Niang [b], Guilgane Faye [c]

a. Laboratoire de Morphodynamique Continentale et Côtière, Université de Rouen, UMR CNRS 6143, 76 821 Mont-Saint Aignan, Cedex, France

b. Département de Géologie, Faculté des Sciences et Techniques, Université Cheikh Anta Diop de Dakar, Sénégal

c. Département de Géographie, Faculté des Lettres et Sciences Humaines, Université Cheikh Anta Diop de Dakar, Sénégal

* Corresponding author. Université de Rouen, UMR CNRS 6143, 76 821 Mont-Saint Aignan, Cedex, France

Tel.: +33 2 35 14 69 48; fax +33 2 35 14 70 22

E-mail address: issa.sakho@etu.univ-rouen.fr

Estuarine, Coastal and Shelf Science

The influence of natural and anthropogenic factors on mangrove dynamics over 60 years: The Somone Estuary, Senegal

Issa Sakho [a,b,*], Valérie Mesnage [a], Julien Deloffre [a], Robert Lafite [a], Isabelle Niang [b], Guilgane Faye [c]

Abstract

The mangrove ecosystem of the microtidal Somone Estuary, Senegal, has undergone extreme changes during the last century. The area occupied by mangrove forest was estimated with a diachronic study by GIS for the period

1946-2006. Between 1946 and 1978, 85% of the area was progressively replaced by devegetated mudflats in the intertidal zones and by barren area in the supratidal zones. Until 1990, this was mainly a result of traditional wood harvesting up. The impact was exacerbated by the closing off of the estuary to the sea (1967-1969 and 1987) and by an extended drought (1970 onwards), which resulted in a lack of renewal of water, hypersalinization and acidification. The main factors controlling mangrove evolution in the Somone ecosystem, however, are anthropogenic. Until 1990, traditional wood cutting (for wood and oyster harvesting) was practiced by the local population. Between 1978 to 1989, a small area occupied by the mangroves was stabilized. Since 1992, a modification of mangrove logging and a new reforestation policy resulted in an exponential increase of mangrove area progressively replacing intertidal mudflats. Such success in the restoration of the ecosystem reforestation is supported by favourable environmental conditions: tidal flooding, groundwater influence, rainfall during the wet season, low net accretion rate of about 0.2 to 0.3 $cm.year^{-1}$, and a ban on the cutting of mangrove wood. The rate of mangrove loss from 1946 to 1978 was 44 000 $m^2.year^{-1}$, but this has been offset by restoration efforts resulting in an increase in mangrove area from 1992 to 2006 of 63 000 $m^2.year^{-1}$. This study demonstrates that the mangrove ecosystem is very fragile, but that the anthropogenic damages inflicted on the mangrove forests of West Africa can be reversed over a relatively short time period if environmental conditions are favorable.

Keywords: *mangrove forest, rainfall, anthropogenic impact, GIS, Senegal*

1. Introduction

Mangroves are defined as "those vegetative forms, tree-like or bushy, that colonize the marine or fluvial floodplains of the tropical coast" (Marius, 1985). They constitute physical barriers that protect the coast by dissipating wave energy from the swell, storms, and tsunamis, and contribute to soil formation by trapping fine sediment (Saad et al., 1999; Kathiresan and Rajendran, 2005; Alongi, 2008, Yanagisawa et al., 2009). Mangroves play an essential role in protecting water quality. They also play a critical role in the coastal trophic chain

(Day et al., 1996). From a socioeconomic point of view, mangrove forests provide wood for building and for heating, tannin, and medical substances (Dahdouh-Guebas and Koedam, 2008; Walters et al., 2008, Lopez-Medellin et al., 2011). Mangrove forests provide an ideal environment for the hatching, raising, and stocking of numerous marine species (Nagelkerken et al., 2007 ; Cannicci et al., 2008 ; Lopez-Medellin et al., 2011).

Their geographic limits are defined by (i) the mean 15 °C sea-surface temperature isotherm, and (ii) a latitudinal range between about 30° N and 30° S (Woodroffe and Grindrod, 1991). Worldwide, mangrove forests occupy a total surface area of more than 150,000 Km^2, representing 75% of the world's tropical coast (Spalding et al., 1997), making them one of the most productive natural ecosystems on earth (FAO, 2007). The Atlantic coastline of Africa supports about 10 species of mangrove plants, including those of Senegal, in contrast to that of the Indo-Pacific, which supports about 50 (Spalding et al., 1997). The most suitable environments are warm-water areas with micro- and macrotidal regimes, principally estuaries, lagoons, and deltas, where the fine organic sediment necessary for mangrove growth accumulates. The main factors controlling the distribution and the spatial extent of mangrove ecosystems are: climate, coastline geomorphology and sedimentology, tidal range, the degree of fluvial freshwater influence, the local hydrological regime (Woodroffe, 1992), and in some cases the hydrogeology (Wolanski, 1992).

A reduction of surface area occupied by mangrove forests is observed around the world, and is related as much to natural as to anthropogenic causes (Spalding et al., 1997; Valiela et al., 2001; FAO, 2007). According to Duke et al. (2007), mangrove ecosystems may completely disappear within the next 100 years. Several larger-scale studies have been conducted on the mangroves of West Africa, focused mainly on the major estuaries of Senegal, i.e. the Siné-Soloum and Casamance (Sall, 1983; Marius, 1985; Diop, 1990, Cormier-Salem, 1999). However, few investigations have focused on the smaller-scale lagunal-estuarine environment of the Somone, which is characterized by a total removal of mangroves between 1980 and 1990. The natural and anthropogenic pressures affecting this complex and its response are representative of those in many parts of the world. It thus offers an opportunity to investigate at a local scale factors affecting mangroves everywhere.

In this paper, we examine the morphological history of the Somone Estuary using aerial photographs coupled with satellite images. The use of this kind of data set provides information over several decades. Indeed, the main objective of this paper is to study the effects of natural and human factors on the dynamics of mangrove forests in the Somone Estuary over 60 years.

The approach used was to first quantify the spatio-temporal evolution of mangrove areas from 1946 to 2006 by a diachronic GIS study. The results were then used to analyze the influence of the changing pattern of rainfall from 1960 to 2006, shoreline dynamics, and human activities (utilization and restoration) on mangrove forest evolution.

2. Study Site

The Somone region lies within the Atlantic Soudanian climatic zone (Diop, 1990), and the dry tropical climate is characterized by a wet and a dry season (Diop, 1990). The monsoonal flux, originating from the Sainte-Hélène anticyclone in the south Atlantic, controls the rainy season in Senegal, which lasts from June to October. The duration of the rainy season is related to the movement of the intertropical front (Diop, 1990). The dry season is longer, usually about 7 months (November to May), with temperatures ranging from 23° to 32°C. The dry season is characterized by the predominance of the continental, or harmattan tradewinds, which are warm, dry winds coming from the northeast (Sall, 1983; Diop, 1990). Along the coast, this influence is somewhat attenuated by the maritime tradewinds, which regulate the air temperature and evapotranspiration. The greatest evapotranspiration occurs from March to November, with an average of 70 mm.year^{-1}.

The hydrologic network of the Somone system has little hierarchical organization. It is formed by the confluence of two ephemeral streams (Fig. 1) that drain the Thies Plateau, part of the Ndiass horst, and the sandy plain. The stream draining the eastern part is 30 km long, and that draining the western part is 20 km long. The Bandia reserve is located at their confluence (Fig. 1).

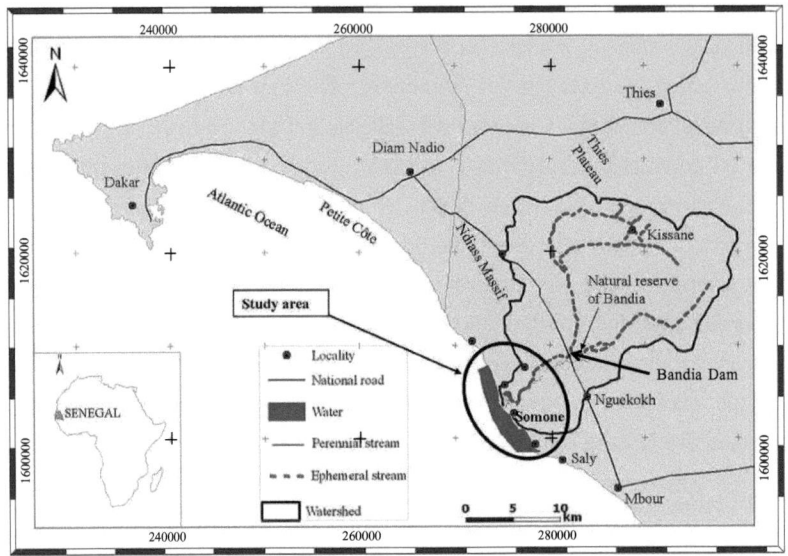

Figure 1. Somone ecosystem study area (Datum WGS 84, Projection UTM, Zone 28 North).

Most of the flow occurs in August and September, coinciding with maximum precipitation. Discharge data, although discontinuous, indicate that the maximum discharge does not exceed 10 $m^3.s^{-1}$ during the wet season.
Similar to the Casamance and Saloum estuaries, this semi-diurnal microtidal estuary (maximum tidal range is about 2 m) is characterized by an inverse salinity gradient (Diop, 1990).

The mangrove ecosystem of Somone (14°29' N and 17°05' W), located 70 km south of Dakar, covers an area of 7 km² and has a watershed of 420 km² (Fig. 1). It can be divided into three parts: the estuary to the east, the lagoon to the north, and the estuary mouth to the west (Fig. 2). Three morphological units are present in the Somone Estuary. The first is the mangrove forest (Fig. 2a), which is composed of three different species *Avicennia africana*, *Rhizophora racemosa* and *Rhizophora mangle*, of which *Rhizophora mangle* is the dominant species (Kaly, 2001).

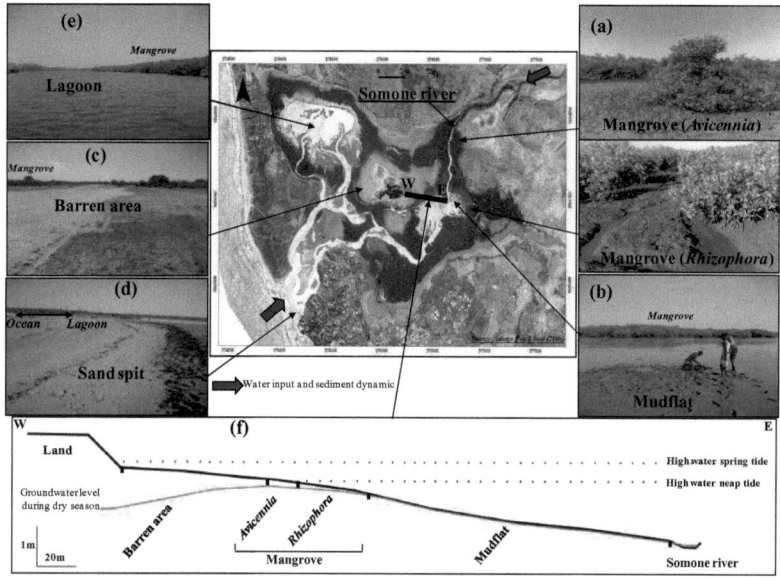

Figure 2. Spatial distribution and cross section of the geomorphological units of the Somone estuary (Datum WGS 84, Projection UTM, Zone 28 North).

These species are characterized by their morphologic and physiologic adaptations to the constrained environmental requirements (e.g. the hydromorphology of the substrate and periodic flooding). These adaptations include aerially exposed roots, pneumatophores, and salt-secreting glands (Spalding et al., 1997; FAO, 2007), which permit them to survive in an anaerobic and unstable environment. The second morphologic unit is the mudflat (Fig. 2b), which corresponds to deforested mangrove areas and is composed mainly of fine-grained sediments (< 63 μm). These two morphological units are in the intertidal zone, which is submerged at high tide (Fig. 2f). The third morphological unit is the barren area (Fig. 2c), which is called tanne in the Senegalese Wolof language. It designates a hypersaline zone, devoid of vegetation, which is submerged by extremely high tides, and which undergoes an annual alternation of flooding and dessication (Marius, 1985). Evapotranspiration is intense and the soil water content is low. The soil is sandy, acidic (pH=7 at the subsurface sediment and pH=6.5 at 5 cm under the surface sediment), and saline (salinity>70 g.L^{-1}). The formation of efflorescence prevents the establishment of vegetation (Fig.2c). This morphologic unit is common in Senegal and in the literature its presence identifies degraded mangrove forest (Lebigre and Marius, 1985; Diop, 1990; Kaly, 2001). Moving from the Somone River to the land (i.e., from the intertidal to the supratidal zone), one encounters first the mudflat, then the mangrove forest (*Rhizophora* and *Avicennia*), and then the barren area (Fig. 2f).

A sand spit (Fig. 2d) is located at the estuary mouth and extends for 400 m to the north. It protects the sand banks from wave and swell induced erosion. The topography of the sand spit changes over time and has even led to a closing of the estuary in 1967-69 and 1987.

The lagoon (Fig. 2e) is the largest water reservoir of the ecosystem and tidal fluctuation is dependent on the maintenance of the marine inlet through the tidal channels (Fig. 2).

The geomorphology of the Somone Estuary and its watershed have been altered by anthropogenic modifications, including the building of several dams in the upstream part of the Somone River (the Bandia and Kissane Dams, Fig. 1, which were constructed to provide drinking water for wildlife in the Bandia Reserve), sand quarrying in the 1990's and basin modification for industrial oyster cultivation. The hydrologic circulation has been perturbed downstream of the Somone river, as well. Additionally, in the 1990's, massive extraction of sand from the sand spit for building, coupled with implantation of basins for industrial oyster cultivation, impacted the surface of the morphological units of the estuary.

3. Methodology

3.1. Sampling strategy

In May 2008 (dry season), 175 sediment samples (0-10 cm deep) were collected over an area of about 2.5 km^2 with a 4 cm-diameter, 10 cm-long PVC corer (Fig. 3a and 3b).

The average sedimentation rate in the mudflats (former mangrove areas) was determined from four sediment cores (8 cm-diameter, 47 cm-long PVC corers)

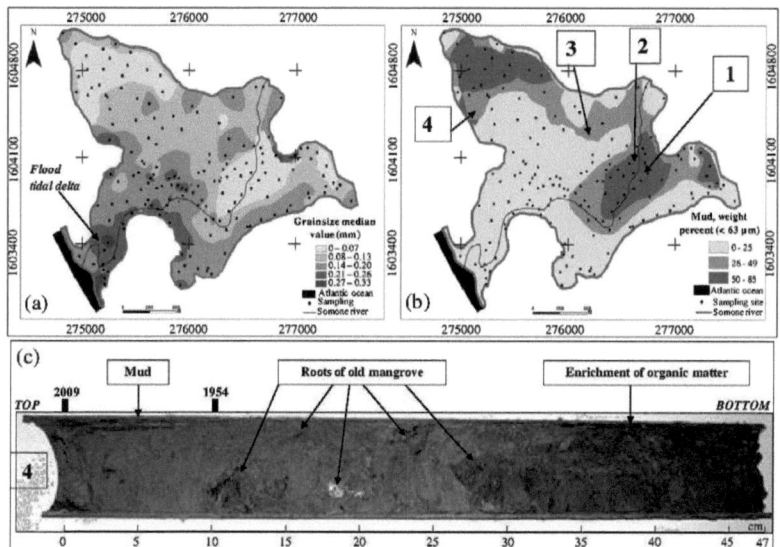

Figure 3. Spatial distribution of sediment during dry the season by grain size (left) and by weight percent (right), core-collection sites (1 - 4) (right), and a section of sediment core with salient characteristics (bottom), Somone estuary.

drilled in four representative areas of the Somone ecosystem (point 1 to 4 in Fig. 3b). Mangrove roots were present in these four sediment cores at 12 cm depth. From aerial photographs, we can identify mangrove forests in this area in 1954, followed by their decrease, and finally their disappearance in 1974. The presence of mangrove roots at -12 cm in the sediment core therefore can be used to compute an average sedimentation rate of 0.22 cm/year between 1954 and 2009.

Ground elevation was measured with a theodolite (Fig. 2f) and the boundary levels of each geomorphological unit (barren area, mangrove and mudflats) were adjusted with GPS acquisition.

3.2. Sediment analyses

In the laboratory, standard methods were used to determine granulometry: separation by washing at 63μm and air oven-drying at 60°C. After drying, the < 63 μm fraction was weighed with a precision balance (10^{-2}g); the > 63 μm sediment was sieved through a 16 mesh-column (2 mm to 63 µm) and each fraction was weighed separately. These data were used to produce precise sedimentary maps.

3.3. Rainfall pattern data

Daily rainfall data (1960 to 2007) were obtained from the weather station in Mbour (Fig. 1), the only meteorologic station in the Somone area.

3.4. GIS analyses

3.4.1. Spatial distribution of Sediment

Two sedimentary maps (WGS84, Zone 28 North) representing the spatial distribution of sediment by weight percentage and median grain size were created using the software ArcGIS 9.1. They are both displayed using "weighting by inverse distance" method applied for spatial interpolation.

3.4.2. Diachronic study of morphological unit evolution

Five aerial photographs (1946: 1/25,000; 1954: 1/50,000; 1974: 1/8,000; 1978: 1/60,000; and 1989: 1/50,000) and three satellite images (Spot 1999 and 2002, and QuickBird 2006) were analysed following methods of Zharikov et al. (2005) and Casal et al., (2011).

4. Results

4.1 Sediment characteristics

Gradients of sediment fining (Fig. 3a) are observed from the inlet (Md > 0.2 mm) to the interior region (Md< 0.07 mm) along an axis from the inlet to the lagoon, and along an axis from the inlet to the intertidal mudflat along the Somone River (Fig. 3a). The sand fraction is dominant, and ranges from medium sand near the inlet to fine sand characterizing the flood-tidal delta.

The two major areas with accumulations of mud (fine silt) (> 50%) are the north-western lagoon and the eastern estuary (Fig. 3b).

From the four short sediment cores collected from the representative mud areas (point 1 to 4, Fig. 3b), the average sedimentation rate can be estimated at a maximum of about 2 to 3 mm.yr^{-1} (Fig. 3b).

4.2 Evolution of the area occupied by mangrove forest

The GIS results indicate marked changes in the extent of the Somone ecosystem morphological units from 1946 to 2006 (Fig. 4).

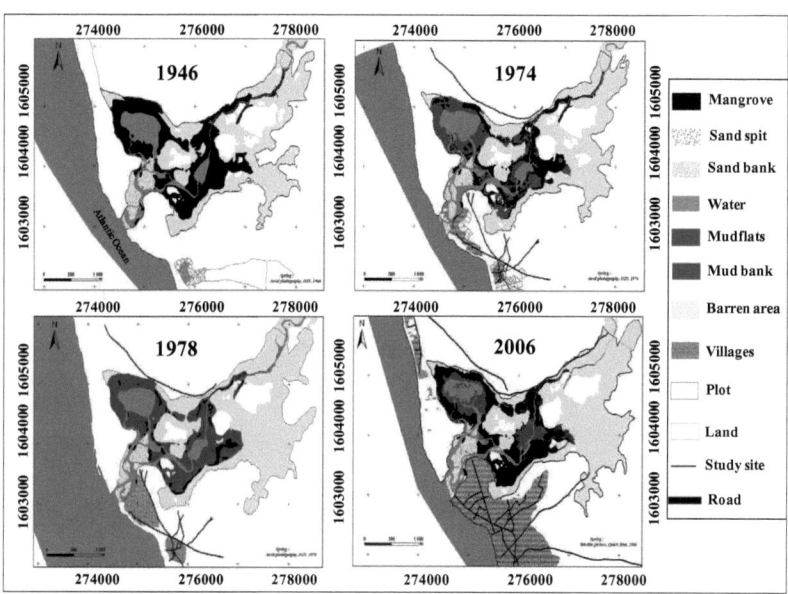

Figure 4. Diachronic evolution of morphological units of the Somone estuary from 1946 to 2006 (Datum WGS 84, Projection UTM, Zone 28 North).

This study focuses mainly on the mangrove morphological unit, as it has undergone the most striking spatial and temporal changes (Fig.5).

Three key periods were identified for changes in the mangrove forest surface area: (i) decrease from 1946 to 1978, (ii) stabilization from 1978 to 1992, and (iii) an increase from 1992 to 2006 (Fig. 5).

From 1946 to 1978 (32 years), the area occupied by the mangrove ecosystem decreased by 1.4 km². The decrease occurred in two phases: a loss of 0.4 km² from 1946 to 1970, followed by an accelerated loss of 1 km² from 1970 to 1978. In the estuarine area, the mangrove forests first disappeared from the lagoon, where they were replaced by mudflats, which increased in area from 0.7 km² in

1974 to 1.2 km² in 1978 (Fig. 4). The area covered by the mangrove ecosystem and the mudflats thus was inversely proportional during this period.

From 1978 to 1992, the area occupied by mangrove forest remained relatively stable with only a small decrease, from 0.17 km² in 1978 to 0.12 km² in 1989 (0.05 km² in 11 years; Fig. 5).

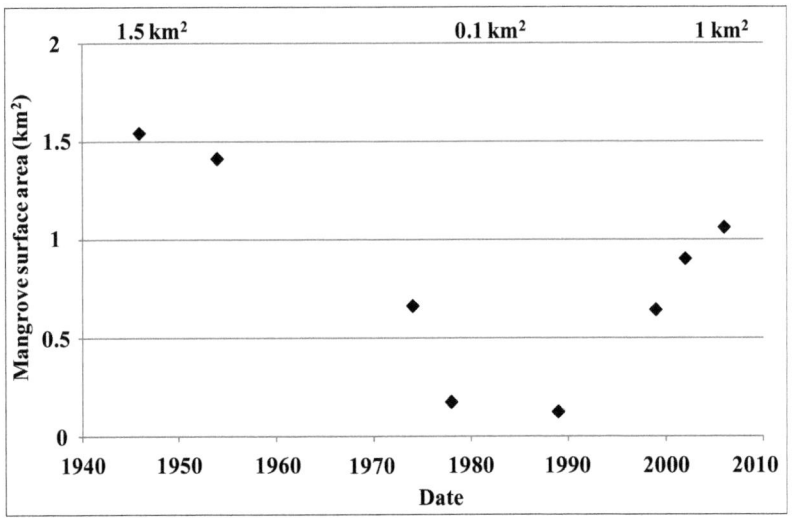

Figure 5. Temporal evolution (1946 – 2006) of the surface area occupied by the Somone mangrove forest.

A large increase in mangrove area was recorded from 1992 (0.15 km²), through 1999 (0.6 km²) and continuing to 2006 (> 1 km²) (an increase of about 0.9 km²; Fig. 5). The area occupied by the devegetated mudflats decreased proportionately during this period from 1.2 km² in 1978 to 0.3 km² in 2006, as the mangroves recolonized those mudflat areas previously occupied by mangrove forest (Fig. 4).

4.3 Trends in rainfall from 1960 to 2007

Cumulative annual rainfall over the 48-year study period (annual average 540 mm yr⁻¹) was characterized by two phases (Fig. 6), 1960 to 1969 was relatively wet, with an annual average of 757 mm yr⁻¹, and 1970 to 2007 was drier, with

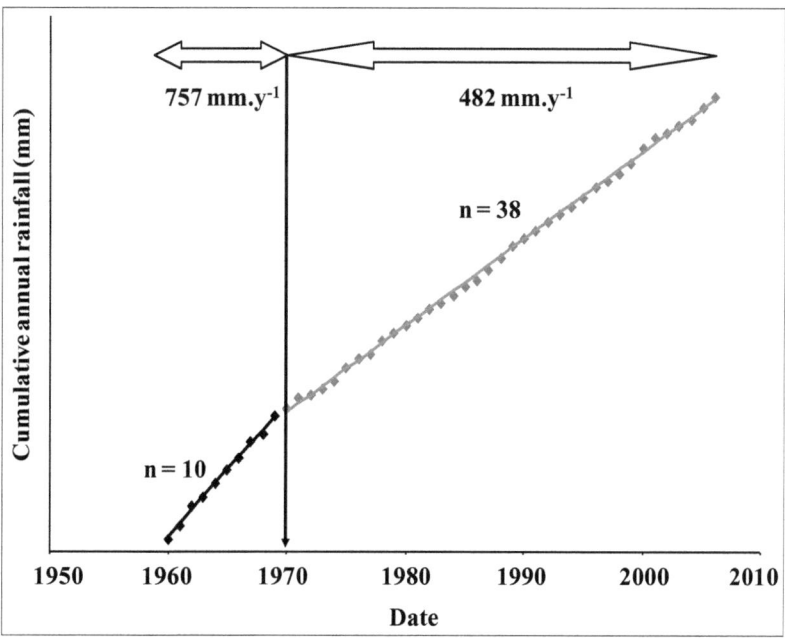

Figure 6. Temporal trends in annual rainfall (1960-2007, measured at the Mbour station).

an annual average of 482 mm yr^{-1}. The change in precipitation rate in 1970 (Fig. 6) coincides with the beginning of the drought in the Sahel (Faure and Gac, 1981). Since the 1970's, the temporal trend in overall rainfall has been a decrease in rainfall duration and volume, indicating a drier climate.

4.4 Dynamics of the inlet

The geomorphology of the mouth of the Somone River evolved greatly from the 1970s to present (Fig. 7). The geometry (length and breadth) of the sand spit was compared between the years 1974-1978, 1978-1999 and 1999-2006 (Fig. 7). From 1974 to 1978, the mouth of the estuary migrated northwards (Fig. 7a) while the coastline eroded. The regressive evolution of the coastline also is observed between 1978 and 1999 (Fig. 7b) and between 1999 and 2006 (Fig. 7c), but the position of the mouth remained relatively constant (Fig. 7b).

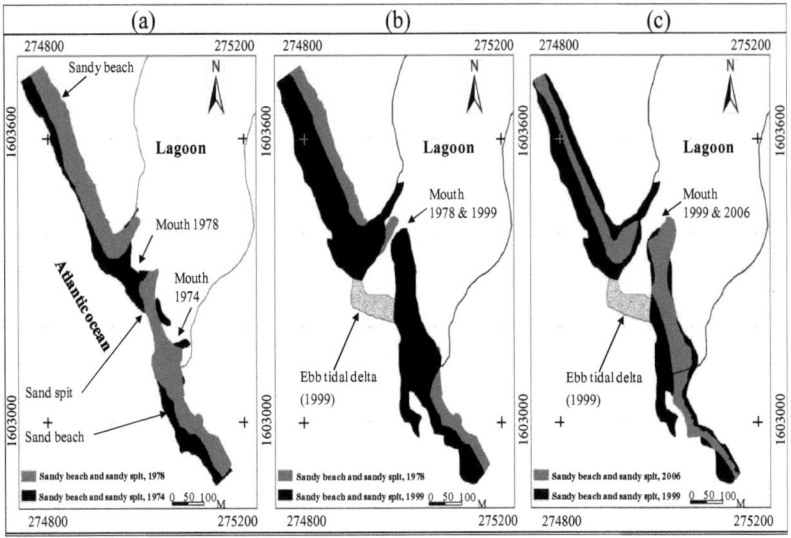

Figure 7. Inter-annual dynamics of the Somone estuary inlet.

An ebb-tidal delta is observed in 1999 (Fig. 7b and 7c) but has been eroded by 2006. The inlet closed twice (1967-1969 and 1987), and both times was artificially reopened by the Military Engineers of the Senegalese Army.

4.5 Human occupation and socio-economic activities

The village of Somone underwent changes during the period of investigation (Fig. 4). Originally traditional, this society has become increasingly urbanized, a process that accelerated in the early 1990s. Increasing seaside tourism was accompanied by real estate and construction pressures and unregulated development of the Somone coastline. The traditional harvest of oysters on submerged roots of *Rhizophera* was accompanied by excessive harvesting of the branches and roots of the mangroves. Mangrove wood is the principal source of energy for the Somone population and has been used for charcoal, heating, and cooking. Dams were constructed further up in the watershed at Bandia (1999) and Kissane (2000) (Fig. 1). The sand spit was developed for real estate.

In the early 1990's, the local government became aware of these impacts and all activities associated with mangrove harvesting and the quarrying of sand from the spit were banned. A restoration programme was initiated by the local population in 1992 to restore the mangrove forest (Kaly, 2001). Three *Rhizophora* reforestation campaigns were carried out in the summer months (August and September) in 1994, 1996 and 1997, resulting in an increase of 0.2 km² of mangrove area.

5. Discussion

5.1 Variation in rainfall patterns and corresponding changes in mangrove area

Since the end of the 1960's, the continental and coastal vegetation of West Africa had been impacted by drought (Nicholson, 2000; Dai et al. 2004) which was followed by a return to relatively wetter conditions in the 1990's (Nicholson, 2005; Fall et al., 2006). These trends occurred in the context of large-scale drought across all of the Sahel countries, and in Senegal in particular. Beltrando et al. (1986) describe a succession of wet and dry years in the Sahel since 1911. Two periods of drought (1911-1914 and 1931) were followed by very wet periods in 1950 and 1958 and a moderately wet period from 1959 to 1967.

Drought has been described in the literature as one of the main parameters driving the degradation of Senegalese mangrove forests (Diop, 1990; Marius, 1995). Rainfall in the Somone area followed this general pattern, with 757 mm yr^{-1} recorded from 1960 to 1969. The period from 1970 to 2007 was characterized by unprecedentedly low rainfall (482 mm yr^{-1}) and a decrease in the duration of the rainy season from 5 months to 3 months. The absence of streamflow altered the hydrodynamics of the Somone estuary by decreasing the inflow of fresh water and fine-grained sediment, to the extent that the Somone became an arm of the sea. In addition, the high rate of evapotranspiration resulted in the concentration of salt in the water table, resulting in the formation of efflorescence in the barren areas. The low duration and volume of rainfall is the principal cause of the salinization of the mangrove estuaries in Senegal

(Marius, 1995; Mikhailov and Isupova, 2008) and Australia (Ridd and Stieglitz, 2001).

The surface area occupied by mangrove forest decreased from 1.5 km^2 in 1946 to 0.6 km^2 in 1974 and to 0.1 km^2 in 1978. Most of the *Rhizophoraceae* prefer a salinity range from 20 to 30 g.L^{-1}, whereas the *Avicenniaceae* can tolerate concentrations of more than 50 g L^{-1} (Blasco and Carayon, 2000). The Senegalese *Rhizophora*, the principal natural genus of the Somone mangrove, is less halo-tolerant, and is unable to withstand hypersaline conditions (Diop, 1990. Marius, 1995. Diouf, 1996). In the tropical mangrove estuaries characterized by a dry climate, this genus is replaced either by *Avicennia*, which is better adapted to high salinity (Marius, 1985), or by barren area (Lebigre and Marius, 1985; Diop, 1990; Kaly, 2001). In the Casamance Estuary (Senegal), the extent of mangrove lost has been estimated at 87 km^2; at the same time, the area occupied by barren land grew by 107 km^2 (Sall, 1983). Diouf (1996) found that the mangrove forest in the Saloum Estuary (in the Foundiougne sector, Senegal) had been entirely replaced by barren area as a result of drought. In the Somone Estuary, the *Rhizophora* was replaced by intertidal mudflats and *Avicennia* was replaced by barren area, to the extent that Diop (1990) considered as the "relict mangrove" of the Somone ecosystem.

5.2 Shoreline morphodynamics

The morphology of the shoreline has changed greatly over the study period (1946-2006), and the mouth of the Somone Estuary has been closed twice (1967-69 and 1987). The natural mechanism of coastal sand migration is well recognized in the international literature (Cooper, 2001; Hart, 2007; Yuhi and Hayakawa, 2007); the infilling of estuarine inlets changes the dynamic conditions controlling water renewal. In the Somone, the infilling was a result of the progression of the sand spit predominantly to the north caused by reduced freshwater flow. When the estuary mouth is closed, the Somone ecosystem is isolated from the ocean, and there is no inflow of marine water to the estuary. The semi-diurnal tide plays an essential role in the functioning of mangrove estuaries, because it influences the extent of the intertidal zone, water table dynamics, and desalinization. In a mangrove ecosystem with a dry tropical climate, the tidal influx is a critical factor in limiting evaporation. When access to the sea is cut off, the tide no longer reaches the intertidal zone and the area is transformed into an evaporative basin. Stagnation and absence of renewed water in the water column combined with high evaporation result in hypersalinisation (Mikhailov & Isupova, 2008). The conditions are aggravated by the absence of fluvial inputs and the long duration of the dry period, which lasts about 8 months in the Somone. These results are similar to those observed by Lebigre et al. (1997) in Madagascar. They showed that the closing off of the Bevoalava Lagoon in 1992, combined with intense evaporation, resulted in hypersalinization of the ecosystem. The ecological reaction to this is the transformation of the lagunal ecosystem into a large salt lake and the degradation of the mangrove forest, which Lebigre et al., (1997) refer to as a mangrove cemetery.

5.3 Other naturals factors (sedimentation rate and hydromorphy) favorable for an increase in mangrove forests.

Since the 1990s, despite continued dry conditions (482 mm.year^{-1}, Fig. 6), the mangrove of the Somone Estuary area has steadily increased (Fig. 8). This is a result of a combination of active (manmade) reforestation in the Somone area and by the occurrence of favorable natural conditions for mangrove regeneration: tidal dynamics, a low sediment supply, low erosion rates and adequate soil moisture conditions (shallow groundwater).

Some environmental factors, such as high sedimentation and erosion rates, prevent survival of mangrove species (Kitheka et al., 2003; Thampanya et al., 2006). For example, high sediment inputs perturb the growth of mangrove tree roots. In the Somone Estuary, however, the sedimentation rate is low (Fig. 3.c), implying that the mangrove tree roots are not perturbed by intense sedimentary processes. Otherwise, since 1987 the Somone inlet has been always continually open, resulting in the constant renewal of water and the regulation of the salinity of the Somone estuary.

A link between hydromorphologic conditions and variations of the mangrove forest surface area has been pointed out in the literature (Wolanski, 1992; Ridd

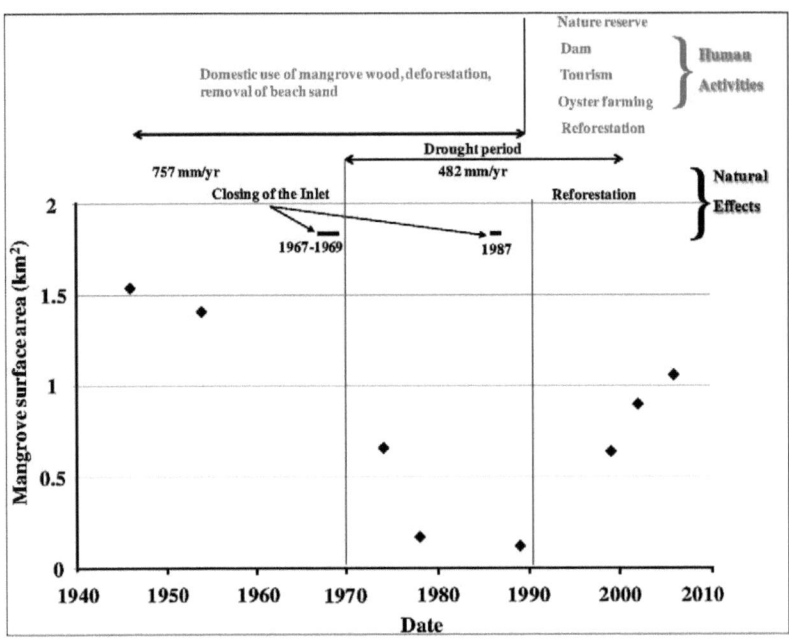

Figure 8. Timeline of factors controlling the dynamics of the Somone mangrove forest from 1946 to 2006.

and Sam, 1996; Gilman et al., 2008). In the Somone estuary, the groundwater, which is shallow (Fig 2 f.) and brackish (14 g.L^{-1}), helps to maintain the hydromorphologic conditions and reduce soil acidity. These environmental conditions are favorable for mangrove growth.

5.4 Heavy pressure by human activities

Before the 1970's, the rural Somone population collected their wood (Acacia) principally from terrestrial sources. In the 1970's, the use of the mangroves for wood increased as the drought reduced terrestrial resources. Cormier-Salem (1999) and Spalding et al. (1997) pointed out that mangrove is used for diverse purposes by all local populations inhabiting mangrove ecosystems. As the population grew, the harvesting of oysters and mangrove wood increased. Reduction of the surface area occupied by mangroves as a result of human activities has been shown in other mangrove areas in Senegal

(Diop et al., 1997), along the west African coast (Cormier-Salem, 1999), in Madagascar (45% over 15 years, Rakotomavo and Fromard, 2010), on the Malaysian peninsula (Kamali and Hashim, 2011), in Australia (Eslami-Andargoli et al., 2010), in China (Ren et al, 2009; Chen and Ye, 2011), in Puerto Rican (Martinuzzi at al., 2009), and elsewhere around the world (Aboudha and Kairo, 2001; Valiela et al., 2001; FAO, 2007).

Dams usually are considered to have a negative impact on mangrove ecosystems (Blasco and Carayon, 2000). The Bandia and Kissane dams, however, do not appear to have a substantial impact on the dynamics of the Somone mangrove forest. The period during which the dams were constructed, (1999 and 2000), coincides with the onset of the increase in area occupied by mangrove forest. The dams, however, control the discharge of the streams and therefore play an important role in controlling the hydrology of the watershed. They also contribute to the hypersalinization observed upstream of the Somone estuary. Freshwater retained by the dams does not flow downstream and dilute seawater. The reduction in freshwater flowing downstream probably has contributed to the slow recovery and limited growth of mangroves. The question remains whether the surface area of mangroves in 2006 (1 km^2) would have recovered the initial level of 1.5 km^2 (1946) if freshwater abstraction upstream had not been a factor.

Human activities are not limited to the intensive use of coastal resources, they also can be restorative and protective. Mangrove restoration is becoming a major activity worldwide (Field, 1999; Kairo et al., 2001; Perry and Berkeley, 2009). In the Somone Estuary, the reforestation of the mangrove forest began in 1990. Between 1994 and 1997, approximately 0.2 km^2 of *Rhizophora* was reforested. In 2002 and 2003, the experimental reforestation of *Avicennia Africana (*more halo-tolerant) was tested. The campaigns were led by the World Union for Nature (UICN), in partnership with the Water and Forest Service and the Japanese International Cooperation Agency (JICA). The results of the campaigns resulted in the popularization of these techniques in other mangrove ecosystems in Senegal.

Compared with other mangrove systems (Elster, 2000; Rakotomavo and Fromard, 2010), this reforestation is rapid (63 000 $m^2.year^{-1}$). Mangrove restoration through deliberate human reforestation coupled with natural regeneration appears to have been the determining factor (Gilman et al., 2008; Hashim et al., 2010; Kamali and Hashim, 2011). The rate of natural regeneration is important to the Somone ecosystem. However, it has been facilitated by human-assisted reforestation. Human intervention (by reforestation campaign) is crucial for natural regeneration (Bosire et al., 2003) and for the rehabilitation of the system (Bornman and Adams, 2010) by ensuring that conditions conductive for mangrove development. As mentioned previously, no evidence of climatic change was observed during this period of reforestation. Rather, the regulation of wood-cutting practices combined with reforestation politics have been a key parameter in the development of the Somone mangroves. The establishment or a Somone Estuary mangrove reserve also has contributed to its rehabilitation and protection, as has been shown for other systems (Giri et al., 2007; Lee and Yeh, 2009).

The success of mangrove reforestation, although a key step in the process of restoration, is dependant on the creation and maintenance of natural ecosystem functioning. According to Martinuzzi et al. (2009), mangrove may recover naturally if the morphological and hydrological features of the ecosystem were not altered. Human intervention is often required, however, in coastal wetlands where the environment has been impacted to such an extent that it has become impossible for the ecosystem to recover naturally (Bosire et al., 2003; Bornman and Adams, 2010).

6. Conclusion

The cartographic analysis of the dynamics of the surface area occupied by the Somone mangrove forest shows two clear trends: (i) an initial decreasing phase from 1946 to 1978, and (ii) a growth phase from 1992 to 2006. The example of the Somone estuary illustrates that a mangrove system damaged by anthropogenic processes can regenerate rapidly, provided that favourable environmental conditions for mangrove growth are present, and that appropriate policies are enacted by local authorities. The main factors controlling evolution of the Somone mangrove are anthropogenic: the disappearance and regeneration of the mangrove are linked to wood cutting by local population and reforestation campaigns achieved by local authorities, respectively. Natural factors, such as the closing of the inlet (1967-1969 and 1987) and reduced flow since the 1970s caused by the drought have resulted in a lack of recirculation of the water, causing hypersalinization and acidification, and leading to an increase rate of mangrove loss.

The mangrove forests are recognized as indicators of the evolution of the coastline and climatic events, their response (expansion or decline) to climate change and an increase in sea level remains a major question to the scientific community.

This study demonstrates that from 1970 to 1980 the Somone mangrove forest is replaced by estuarine mudflats unlike Saloum and Casamance where mangroves are replaced by the salt flats.They also demonstrates that the mangrove ecosystem is very fragile but damages inflicted by man can be reversed over a relatively short time period following the return of natural hydrologic conditions (tidal dynamics) and active rehabilitation.

Acknowledgements

This work is a contribution to the "HySo Project", an international collaboration between Universities of Rouen (France) and Dakar (Senegal), financed by the CNRS (Bourse Doctorat-Ingénieur). The authors would like to thank two anonymous reviewers for their very useful criticism and suggestions for improvement. We also thank Mr. M. Sall, Mr. T. Ba (S.C.E), Mr. M. Ndour (D.T.G.C) and Mr. A. Kane (ASECNA) for giving us access to the data set. The authors also give many thanks to Dr. B. Mahler for her translation. We would like to thank Touré Lemagnifique, Abdoulaye Sakho and Babacar Faye for their assistance in the field.

References

Aboudha, P. A. W. and Kairo, J. G., 2001. Human-induced stresses on mangrove swamps along the Kenyan coast. Hydrobiologia 458, 255-265.

Alongi, D.M., 2008. Mangrove forests: Resilience, protection from tsunamis, and responses to global climate change. Estuarine, Coastal and Shelf Science 76, 1-13.

Beltrando, G., Charre, J., Douguedroit, A., 1986. Régionalisation des variations temporelles récentes des précipitations de la zone soudano-sahélienne (de l'océan indien à l'océan atlantique). INQUA Symposium « Changements globaux en Afrique », Dakar, 1986, 25-28.

Blasco, F., Carayon, J.L., 2000. Les mangroves et le niveau de la mer. In : Le Changement climatique et les espaces côtiers. Actes du Colloque euro-méditerranéen, Université d'Arles (France), 12- 13 octobre 2000, 24-27.

Bornman, T.G., and Adams, J.B. 2010. Response of a hypersaline salt marsh to a large flood and rainfall event along the west coast of southern Africa. Estuarine, Coastal and Shelf Science 87, 378-386.

Bosire, J.O., Dahdouh-Guebas, F., Kairo, J.G., Koedam, N. 2003. Colonization of non-planted mangrove species into restored mangrove stands in Gazi Bay, Kenya. Aquatic Botany 76, 267- 279.

Cannicci, S., Burrows, D., Fratini, S., Smith III, T.J., Offenberg, J., Dahdouh-Guebas, F., 2008. Faunistic impact on vegetation structure and ecosystem function in mangrove forests: A review. Aquatic Botany 89, 186-200.

Casal, G., Sanchez-Carnero, N., Sanchez-Rodriguez, E., Freire, J., 2011. Remote sensing with SPOT-4 for mapping kelp forests in turbid waters on the south European Atlantic shelf. Estuarine, Coastal and Shelf Science 91, 371-378.

Chen, G.C., Ye, Y., 2011. Restoration of Aegiceras corniculatum mangroves in Jiulongjiang Estuary changed macro-benthic faunal community. Ecological Engineering 37, 224-228.

Cooper, J.A.G., 2001. Geomorphological variability among microtidal estuaries from the wave- dominated South African coast. Geomorphology 40, 99-122.

Cormier-Salem, C., 1999. The mangrove: an area to be cleared for social scientists. Hydrobiologia 413, 135–142.

Dahdouh-Guebas, F., Koedam, N. 2008. Long-term retrospection on mangrove development using transdisciplinary approaches: A review. Aquatic Botany 89, (2), 80-92.

Dai A. Lamb, P.J. Trenberth, K.E. Hulme, M., Jones, P.D., Xie, P., 2004. The recent Sahel Drough is real. International Journal of Climatology 24, 1323–1331.

Day Jr., J. W., Coronado-Molina, C., Vera-Herrera, F. R., Twilley R., Rivera-Monroy, V. H., Alvarez-Guillen, H., Day, R., Conner, W., 1996. A 7-year record of above-ground net primary production in a southeastern Mexican mangrove forest. Aquatic Botany 55, 39-60.

Diop, E.S., 1990. La côte ouest africaine du Saloum (Sénégal) à la Mellacorée (République de Guinée). Collection Etudes et Thèses, éditions de l'ORSTOM, Paris, 381 p.

Diop, E.S., Soumaré, A., Diallo, N., Guissé, A., 1997. Recent changes of the mangroves of the Saloum River Estuary, Senegal. Mangrove and Salt Marshes 1, 163-172.

Diouf, P.S., 1996. Les peuplements de poissons des milieux estuariens de l'Afrique de l'Ouest : l'exemple de l'estuaire hypersalin du Sine-Saloum. Thèse de Doctorat, Université de Montpellier II, 267 p.

Duke, N.C., Meynecke, J.-O., Dittmann, S., Ellison, A.M., Anger, K., Berger, U., Cannicci, S., Diele, K., Ewel, K.C., Field, C.D., Koedam, N., Lee, S.Y., Marchand, C., Nordhaus, I., Dahdouh-Guebas, F., 2007. A world without mangroves? Science 317, 41-42.

Elster, C. 2000. Reasons for reforestation success and failure with three mangrove species in Colombia. Forest Ecology and Management 131, 201-214.

Eslami-Andargoli, L, Per, D., Sipe, N., Chaseling, J., 2010. Local and landscape effects on spatial patterns of mangrove forest during wetter and drier periods: Moreton Bay, Southeast Queensland, Australia. Estuarine, Coastal and Shelf Science 89, 53-61.

Fall, S., Semazzi, F. H. M., Miyogi, D. D. S., Anyah, R. O. and Bowden, J. 2006. Spatio-temporal climate variability over Senegal and its relationship to global climate. International Journal of Climatology 26, 2057-2076.

FAO., 2007. The World's mangroves 1980-2005. FAO Forestry, Paper 153, Rome, 2007, 89 p.

Faure, H., Gac, J.Y., 1981. Will the sahelian drought end in 1985? Nature 291, (5815), 475-478.

Field, C. D., 1999. Mangrove rehabilitation: choice and necessity. Hydrobiologia 413, 47-52

Gilman, E.L., Ellison, J., Duke, N.C., Field, C., 2008. Threats to mangroves from climate change and adaptation options: A review. Aquatic Botany 89, 237-250.

Giri, C., Pengra, B., Zhu, Z., Singh, A., Tieszen, L.L., 2007. Monitoring mangrove forest dynamics of the Sundarbans in Bangladesh and India using multi-temporal satellite data from 1973 to 2000. Estuarine, Coastal and Shelf Science 73, 91-100.

Hart, D.E., 2007. River-mouth lagoon dynamics on mixed sand and gravel barrier coasts. Journal of Coastal Research 50, 927-931.

Hashim, R., Kamali, B., Tamin, N.M., Zakaria, R., 2010. An integrated approach to coastal rehabilitation: Mangrove restoration in Sungai Haji Dorani, Malaysia. Estuarine, Coastal and Shelf Science 86, 118-124.

Kairo, J.G., Dahdouh-Guebas, F., Bosire, J., Koedam, N., 2001. Restoration and management of mangrove systems – a lesson for and from the East African region. South African Journal of Botany 67, 383-389.

Kaly, J.L., 2001. Contribution à l'étude de l'écosystème mangrove de la Petite Côte et essai de reboisement. Thèse de 3ème cycle, Université Cheikh Anta Diop de Dakar, 208 p.

Kamali, B., Hashim, R., 2011. Mangrove restoration without planting. Ecological Engineering 37, 387-391.

Kathiresan, K., Rajendran, N., 2005. Coastal mangrove forests mitigated tsunami. Estuarine, Coastal and Shelf Science 65, 601-606.

Kitheka, J.U., Ongwenyib, G.S., Mavuti, K.M. 2003. Fluxes and exchange of suspended sediment in tidal inlets draining a degraded mangrove forest in Kenya. Estuarine, Coastal and Shelf Science 56, 655-667.

Lebigre, J.M., Marius, C., 1985. Etude d'une séquence mangrove-tanne en milieu équatorial, Baie de la Mondah (Gabon). ORSTOM, 16, (912), 131-146.

Lebigre, J.M., Fauroux, E., Moizo, B., Taillade, J., Vasseur, P., Chartier, C.H., Henry, P., 1997. Milieux et Sociétés dans le Sud-Ouest de Madagascar. Presses Université de Bordeaux, 244 p.

Lee, T-M., Yeh, H-C., 2009. Applying remote sensing techniques to monitor shifting wetland vegetation: A case study of Danshui River estuary mangrove communities, Taiwan. Wetland restoration and ecological engineering 35, 487-496.

Lopez-Medellin, X, Castillo, A., Ezcurra, E., 2011. Contrasting perspectives on mangroves in arid Northwestern Mexico: Implications for integrated coastal management. Ocean & Coastal Management, 54, 318-329.

Marius, C., 1985. Mangroves du Sénégal et de la Gambie : écologie, pédologie, géochimie, mise en valeur et aménagement. Edition de l'ORSTOM, Paris, 357 p.

Marius, C., 1995. Effets de la sécheresse sur l'évolution des mangroves du Sénégal et de la Gambie. Sécheresse, 6, (1), 123-126.

Martinuzzi, M., Gould, W.A., Lugo, A.E., Medina, E., 2009. Conversion and recovery of Puerto Rican mangroves: 200 years of change. Forest Ecology and Management 257, 75-84.

Mikhailov, V.N., Isupova, M.V., 2008. Hypersalinization of River Estuaries in West Africa. Water Resources and the Regime of Water Bodies 35, (4), 387-405.

Nagelkerken, I., Blaber, S.J.M., Bouillon, S., Green, P., Haywood, M., Kirton, L.G., Meynecke, J.-O., Pawlik, J., Penrose, H.M., Sasekumar, A., Somerfield, P.J., 2007. The habitat function of mangroves for terrestrial and marine fauna: A review. Aquatic Botany 89, (2), 155-185.

Nicholson, S.E., 2000. The nature of rainfall variability over Africa on time scales of decades to millenia. Global and Planetary Change 26, 137-158.

Nicholson, S.E., 2005. On the question of the "recovery" of the rains in the West African Sahel. Journal of Arid Environments 63, (3), 615-641.

Perry, C.T., Berkeley, A., 2009. Intertidal substrate modification as a result of mangrove planting: Impacts of introduced mangrove species on sediment microfacies characteristics. Estuarine, Coastal and Shelf Science 81, 225-237.

Rakotomavo, A., Fromard, F., 2010. Dynamics of mangrove forests in the Mangoky River delta, Madagascar, under the influence of natural and human factors. Forest Ecology and Management 259, 1161-1169.

Ren, H., Lu, H., Shen, W., Huang, C., 2009. Sonneratia apetala Buch. Ham in the mangrove ecosystems of China: An invasive species or restoration species? Ecological Engineering 35, 1243-1248.

Ridd, P.V., Sam, R. 1996. Profiling Groundwater Salt Concentrations in Mangrove Swamps and Tropical Salt. Estuarine, Coastal and Shelf Science 43, 627-635.

Ridd, P.V., Stieglitz, T., 2001. Dry season salinity changes in arid estuaries fringed by mangroves and saltflats. Estuarine, Coastal and Shelf Science 54, 1039-1049.

Rogers, K., Wilton, K.M., Saintilan, N. 2006. Vegetation change and surface elevation dynamics in estuarine wetlands of southeast Australia. Estuarine, Coastal and Shelf Science, 66, 559-569.

Saad, S., Husain, M.L., Yaacob, R., Asano, T., 1999. Sediment accretion and variability of sedimentological characteristics of a tropical estuarine mangrove: Kemaman, Terengganu, Malaysia. Mangroves and salt marshes 3, (1), 51-58.

Saintilan, N., Hashimoto, T.R. 1999. Mangrove-saltmarsh dynamics on a bay-head delta in the Hawkesbury River estuary, New South Wales, Australia. Hydrobiologia 413, 95-102

Sall, M.M., 1982. Dynamique et morphogenèse actuelle au Sénégal occidental. Thèse de Doctorat d'Etat, Université Louis Pasteur de Strasbourg, 3, 604 p.

Spalding, M.D., Blasco, F., Field, C.D., 1997. World Mangrove Atlas. International Society for Mangrove Ecosystems, Okinawa (Japan), 178 p.

Thampanya, U., Vermaat, J.E., Sinsakul, S., Panapitukkul, N., 2006. Coastal erosion and mangrove progradation of Southern Thailand. Estuarine, Coastal and Shelf Science 68, 75-85.

Valiela, I., Bowen, J.L.,York, J.K., 2001. Mangrove forest: one of the world's most threatened major tropical environments. Biotropica 51, 807-816.

Walters, B.B., Rönnbäck, P., Kovacs, J.M., Crona, B., Hussain, S.A., Badola, R., Primavera, J.H., Barbier, E., Dahdouh-Guebas, F., 2008. Ethnobiology, socio-economics and management of mangrove forests: A review. Aquatic Botany 89, (2), 220-236.

Woodroffe, C., 1992. Mangrove sediments and geomorphology. In: Robertson, A., Alongi, D. (Eds.), Tropical Mangrove Ecosystems: Coastal and Estuarine Studies 41. American Geophysical Union, Washington, DC, 7-41.

Wolanski, E., 1992. Hydrodynamics of mangrove swamps and their coastal waters. Hydrobiologia, 247, 141-161.

Yanagisawa, H., Koshimura, S., Goto, K., Miyagi, T., Imamura, F., Ruangrassamee, A., Tanavud, C., 2009. The reduction effects of mangrove forest on a tsunami based on field surveys at Pakarang Cape, Thailand and numerical analysis. Estuarine, Coastal and Shelf Science 81, 27-37.

Yuhi, M., Hayakawa, K., 2007. Long-Term Field Observation on Sand Bar Migration near Tedori River Mouth, Japan. Journal of Coastal Research 50, 693-699.

Zharikov, Y., Skilleter, G.A., Loneragan, N.R., 2005. Mapping and characterising subtropical estuarine landscapes using aerial photography and GIS for potential application in wildlife conservation and management. Elsevier, Biological Conservation 125, 87-100.

CHAPITRE IV.

MOBILITE DE LA FLECHE SABLEUSE A L'EMBOUCHURE DE LA SOMONE

I.	Dérive littorale et transport sédimentaire le long de la Petite Côte	106-109
II.	Analyse des régimes de vent sur la période d'étude	109-113
III.	Evolution annuelle de la flèche	113-131
IV.	Evolution pluri-décennale du littoral de la Somone	131-141
V.	Variations naturelles et impacts anthropiques	141-142
VI.	Conclusions	142-143

L'avenir de l'espace littoral préoccupe la communauté scientifique. Bird soulignait déjà en 1985 que plus de 70 % des plages à l'échelle mondiale étaient en recul. Les conclusions issues de travaux scientifiques sur la dynamique des littoraux démontrent que le phénomène de l'érosion côtière est planétaire. En Europe 40 % des plages sont en érosion (European Commission, 2004). L'érosion côtière est omniprésente sur les plages en Californie (Hapke *et al.*, 2006), en Floride (Morton *et al.*, 2005), dans le Golfe du Mexique (Morton *et al.*, 2004), en Asie, (Gopinath et Seralathan, 2005), en Afrique de l'Ouest (Ibe et Quelennec, 1989 ; Niang-Diop, 1995 ; Diaw, 1997). Dans certains cas, comme dans le delta du Sénégal (Kane, 1997), sur la Volta (Barry *et al.*, 2005) dans le delta du Nil (El Raey *et al.*, 1999 ; Dewidar and Frihy, 2010), à l'embouchure de l'Ebre (Paskoff, 1998), l'activité anthropique, à travers les différentes formes de mise en valeur des bassins fluviaux (par exemple les barrages), est une des causes de ce phénomène. Les aménagements peuvent entraîner notamment une pénurie des côtes en sédiments et/ou une accentuation du processus d'érosion.

Largement ouvertes à l'océan atlantique, les côtes ouest-africaines sont soumises à cette évolution régressive, observable à l'échelle mondiale. Ibe et Quelennec (1989) estiment un taux d'érosion moyen qui varie de 1,2 à 6 $m.an^{-1}$ des côtes allant du Sénégal à la Sierra Leone. Ainsi, sur le littoral sénégalais en particulier, le phénomène a été mis en évidence dans de nombreux travaux (Barusseau, 1980 ; Sall, 1982 ; Niang-Diop, 1995 ; Diaw, 1997 ; Sy, 2006 ; Faye, 2010).

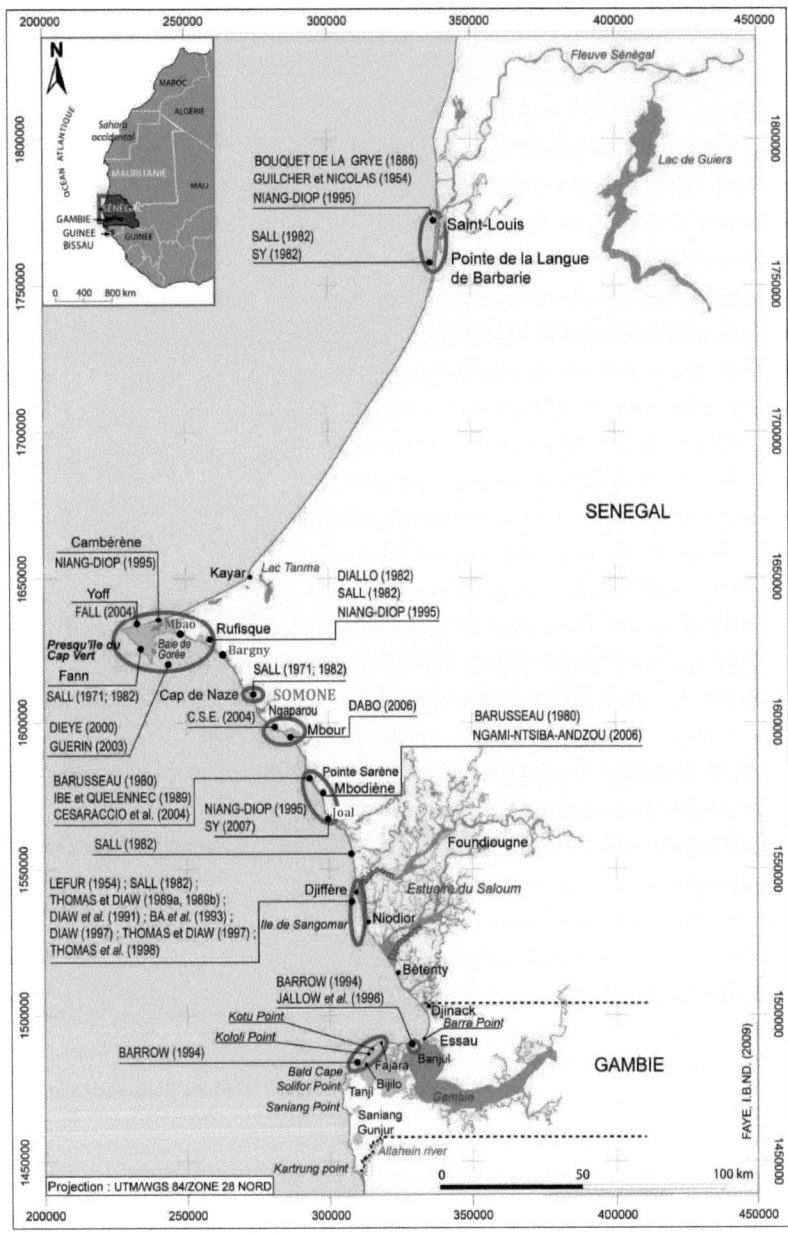

Figure 25 : Principaux travaux scientifiques sur la mobilité du trait de côte au Sénégal (d'après Faye, 2010)

La Figure 25 présente les principales zones où la dynamique côtière sur le littoral sénégalais a été étudiée. Les grands foyers humains et les activités socio-économiques sont essentiellement concentrés sur le littoral. La diversité des unités géomorphologiques ainsi que les potentialités socio-économiques et écologiques, sont à l'origine de la convoitise relative pour cette interface à l'équilibre très fragile. Ceci a amené un grand nombre de scientifiques à s'interroger sur la problématique de l'érosion côtière au Sénégal, principalement sur les plages (Yoff, Rufisque, Bargny, Mbour,...) et les flèches sableuses (langue de Barbarie, Sangomar, Mbodiène). Notre étude sur la flèche de Somone complète cette série de travaux.

Ce chapitre présente dans un premier temps les mécanismes du transport sédimentaire ainsi que le fonctionnement hydrosédimentaire de la Petite Côte. Les régimes de vent (directions et vitesses) sont analysés. Dans un second temps, sont analysées (i) l'évolution annuelle de la flèche par analyse de profils de plage, (ii) l'évolution pluri-annuelle du littoral de la Somone dans son ensemble et (iii) par analyse diachronique de photographies aériennes et d'images satellitaires.

I Dérive littorale et transport sédimentaire le long de la Petite Côte

La morphologie du littoral de la Petite Côte, de Hann à Djiffere, est caractérisée par une succession de caps et de baies dont la disposition est contrôlée par la tectonique (Niang-Diop, 1995). Les plages et les flèches sableuses sont constituées de cordons sableux de faible épaisseur. Les flèches sableuses sont édifiées à la faveur de la dérive littorale (Barusseau, 1980 ; Diop, 1990). Ainsi, sur la Petite Côte on distingue du Nord vers le Sud la flèche de Somone, la flèche de Mbodienne, la flèche de Joal et la flèche de Sangomar, la flèche de la Somone étant la plus septentrionale. D'autres flèches sableuses, plutôt internes, se sont développées par endroit dans les îles du Saloum. Les deux directions de houle qui se manifestent sur la Petite Côte sont : la houle de Nord-Ouest et la houle de Sud-Ouest. La houle de Nord-Ouest est présente toute l'année. Elle subit une série de diffractions au contact de la tête de la presqu'île du Cap-Vert, ce qui affaiblit son action sur la Petite Côte et entraîne cependant une dérive littorale dirigée vers le Sud (Niang-Diop, 1995). La houle de Sud-Ouest est une houle saisonnière car elle ne se manifeste qu'en saison des pluies. Cette houle est liée aux flux de mousson et entraîne une dérive littorale dirigée vers le Nord (Diop, 1990). Nardari (1993) souligne l'existence d'une houle d'Ouest issue des cyclones de la mer des Caraïbes et qui se manifeste sur le littoral sénégalais entre octobre et décembre. Selon Barusseau (1980), les transports sédimentaires le long de la Petite Côte sont estimés entre 10 500 et 300 000 m^3 par an et s'effectuent dans le sens de la dérive littorale générale N-S.

La côte sableuse de la Somone est caractérisée par un cordon sableux de faible épaisseur interrompu par une petite embouchure au niveau de laquelle s'est développée une flèche sableuse, d'environ 350 m de long, adossée au cordon littoral sud et dirigée vers le Nord-Est (Sakho et al., 2010). La passe a une largeur d'environ 20 m (juillet 2009). Cette orientation est spécifique à la flèche de Somone, car elle ne correspond pas à la direction générale de migration vers le Sud des flèches sableuses du Sénégal, comme la flèche de la Langue de Barbarie (Sall, 1982), la flèche de Sangomar (Diaw, 1997) ou la flèche de Mbodienne (Turmine, 2001 ; Ngami-Ntsiba-Andzou, 2007).

Bien que la dérive littorale N-S entraîne un transit sédimentaire dirigé vers le sud, le fonctionnement sédimentaire de la Petite Côte semble complexe. Il présente deux modes de transports sédimentaires différents (Dwars et al., 1979) :

✓ De Mbao à Bargny (Figure 25), le transport sédimentaire s'effectue perpendiculairement au rivage (transport « cross-shore ») et l'érosion côtière serait due aux houles de tempête, notamment lors des périodes d'équinoxe. Selon Niang-Diop (1995), la dérive littorale, faible, n'interviendrait dans l'évolution morpho-sédimentaire du littoral qu'à l'échelle séculaire.

✓ De Bargny à Joal (Figure 25), le transit sédimentaire est engendré par la dérive littorale (transport « longshore »). Le transit se recharge dans le secteur Nord de la Petite Côte (Mbao – Rufisque) et est dirigé vers le Sud dans le sens de la dérive littorale générale, N-S (Niang-Diop, 1995). La Somone est située dans cette partie du littoral de la Petite Côte.

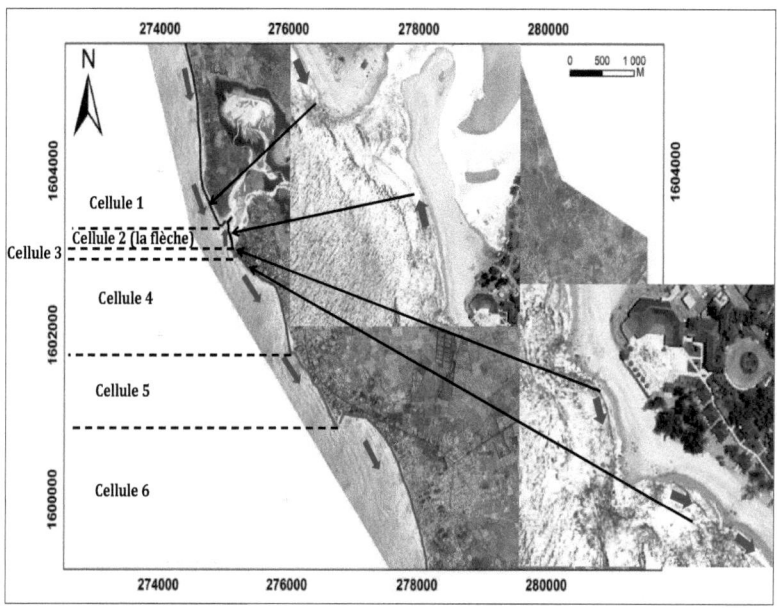

Figure 26 : Cellules hydrosédimentaires sur le littoral de la Somone. Les flèches indiquent le sens du transit sédimentaire.

Dans ses travaux, Barusseau (1980) évoquait déjà, dans les années 1980, que la Petite Côte fonctionnait en cellules hydro-sédimentaires indépendantes. Dans le secteur de la Somone, nous avons identifié, à partir de l'image satellite de 2006, six cellules hydro-sédimentaires (Figure 26). Ces cellules sont limitées soit par l'embouchure (Cellules 1 et 2) soit par des caps (cellules 3 à 6) et présentent des fonctionnements hydro-sédimentaires différents et autonomes.

La migration au niveau de ces cellules se fait globalement vers le Sud sauf pour la flèche sableuse qui est dirigée vers le Nord (Figure 26).

II Analyse des régimes de vent pendant la période d'étude

La Figure 27 présente l'évolution saisonnière des vitesses et directions du vent sur le littoral sénégalais. Les mois de juin à septembre correspondent à la saison des pluies et ceux de décembre, janvier, février et mai correspondent à la saison sèche. L'évolution de la direction des vents (Figure 27) dans le secteur du littoral de la Somone est liée à des conditions météorologiques différentes définissant globalement deux régimes de vent. Un premier régime de juin à septembre pendant laquelle les vents du Sud et du Sud-Ouest prédominent. Il s'agit des flux de mousson issus de l'Atlantique Sud et responsables de la saison des pluies.

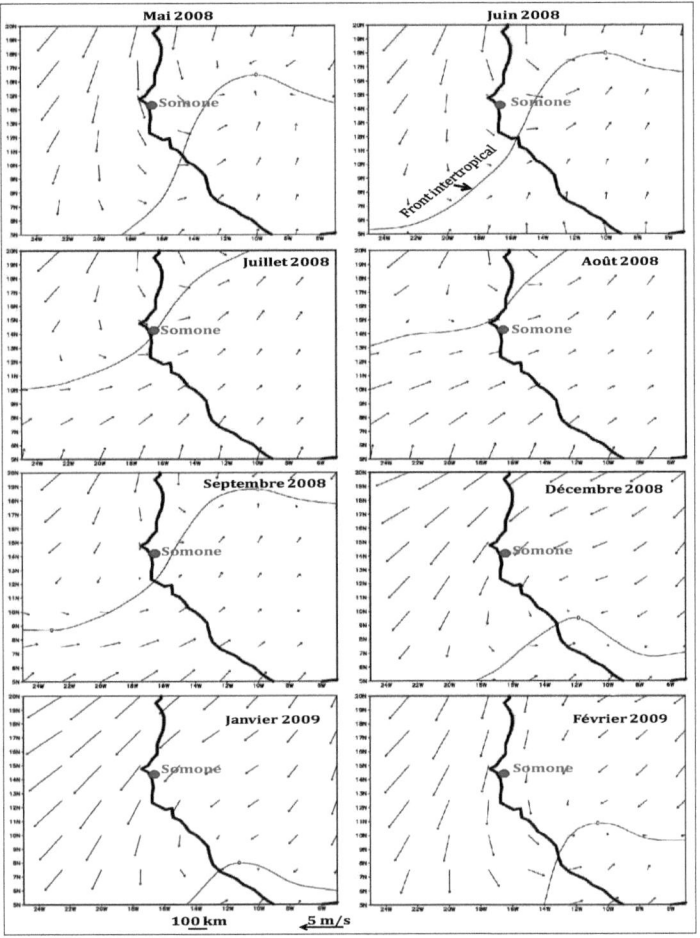

Figure 27 : Régimes mensuels des vents sur la partie occidentale du Sénégal en 2008 (Janicot, communication personnelle, 2011)

Le deuxième régime de vent est observé entre décembre et mai, où les vents du Nord (issus de l'anticyclone des Açores) et du Nord-est (originaires de la cellule maghrébine), prédominent. Cette période correspond à la saison sèche. Nous remarquons également que les vitesses de vent sont plus fortes en saison sèche (décembre, janvier, février) qu'en saison des pluies (juin, juillet, août et septembre)

En analysant les directions de vents enregistrées à la station Mbour (station de la zone d'étude), on observe également ces deux régimes saisonniers de vent :

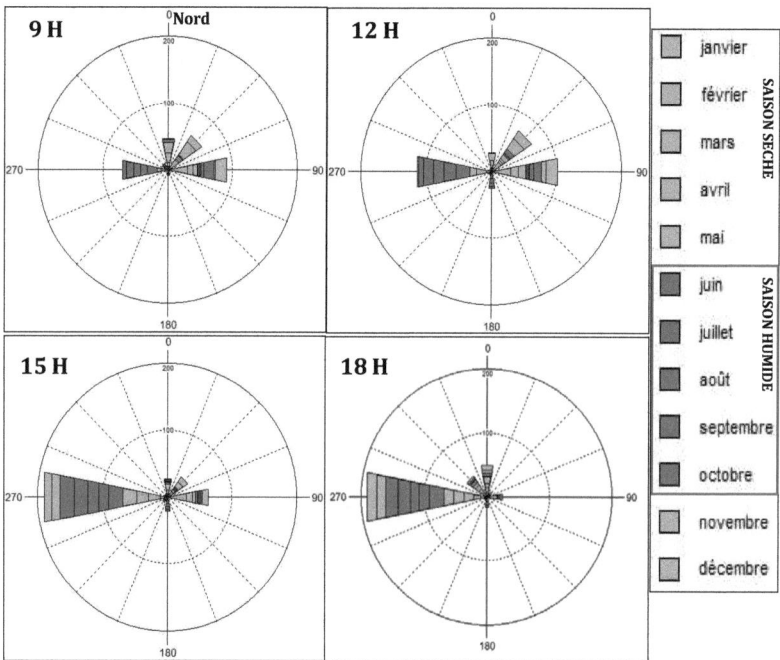

Figure 28 : Directions des vents enregistrées en 2008 à la station de Mbour.

Un régime de saison sèche caractérisé par la prédominance des vents du Nord, du Nord-Est et de l'Est et un régime de saison humide dominé par les vents d'Ouest, du Sud et du Sud-Ouest (Figure 28). Les vitesses de vent, qui correspondent à ces deux régimes, montrent aussi des variations saisonnières importantes (Figure 29).

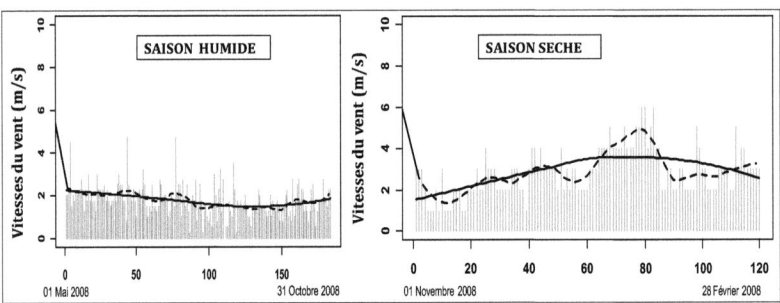

Figure 29 : **Vitesses instantanées de vent à 9h, 12h, 15h et 18h (station de Mbour)**

Le schéma d'évolution des vitesses de vent, présente clairement les deux régimes de vent décrits précédemment. La saison humide se caractérise globalement par des vitesses de vent inférieures à 4 m.s^{-1}. Les périodes sans vent sont importantes, 50 % (61 jours sans vent) de calmes entre juin et septembre 2008. Ce pourcentage de calmes est largement supérieur à celui trouvé par Niang-Diop (1995) entre juillet et septembre 1987, 5 à 17 % (station de Dakar). C'est pendant cette période que sont enregistrés les coups de vent, notamment aux mois d'août et de juin (Niang-Diop, 1995). Le coup de vent observé sur notre série de données de l'année 2008 a été enregistré le 13 juin, à 16 m.s^{-1}. En saison sèche, les vitesses de vent sont parfois deux fois plus fortes, 4 à 6 m.s^{-1}. Les jours sans vent sont rares. De décembre 2008 à février 2009, seulement 7 % de calmes ont été enregistrés, soit 5 jours sans vent en 90 jours.

Ainsi, sur le littoral de la Somone, les conditions météorologiques définissent deux régimes saisonniers de vent. Un régime de saison sèche dominé par les vents du Nord et du Nord-Est avec des vitesses maximales de 4 à 6 m.s^{-1}. Un régime de saison humide où les vents d'Ouest et du Sud prédominent avec des vitesses plus faibles, globalement inférieures à 4 m.s^{-1}.

A ces deux régimes de vent, sont associés des régimes de houles aux conditions différentes. Ne disposant pas de données de houle sur la période d'étude, nous nous référons aux conclusions issues de travaux antérieurs sur les caractéristiques des houles du littoral de la Petite Côte. D'une manière générale, la Petite Côte est influencée par trois régimes de houle. Les houles de Nord-Ouest se manifestent entre janvier et juin, lors de la saison sèche. Nardari (1993) souligne la présence des houles d'Ouest pendant cette période, notamment entre octobre et décembre. L'analyse des données de vent montre également que c'est pendant cette saison sèche que les vitesses de vent sont les plus importantes, 4 à 6 m/s. Le troisième régime de houle, les houles de Sud-Ouest, ne se manifeste que lors de la saison des pluies, et sont moins énergétiques. C'est également pendant cette saison que sont enregistrées les plus faibles vitesses de vent, inférieures à 4 m.s^{-1}.

Les hauteurs de houle, mesurées au large de la Petite Côte (entre 14° et 15° N et entre 17°30' et 19° W) de janvier à juillet 1988 (Niang-Diop, 1995), montrent qu'elles varient entre 0,5 et 4,5 m avec des moyennes mensuelles de : 2,30 m en janvier, 2 m en avril et 1,90 m en juillet (Niang-Diop, 1995). L'auteur souligne également qu'à l'exception des houles d'Ouest, les houles de NW sont caractérisées par des hauteurs plus importantes, supérieures ou égales à 3 m.

III Evolution annuelle de la flèche sableuse

Le suivi topographique de la flèche sableuse a été effectué entre mai 2008 et juillet 2009. Ce suivi s'est fait sur quatre profils transversaux définis sur la flèche et un cinquième profil, sur la plage (Figure 13, chap. Matériels et Méthodes). Des prélèvements sédimentaires ont également été effectués.

III.1. Analyse des mouvements sédimentaires

Les mouvements sédimentaires le long des profils de plage (P1, P2, P3, P4 et P5) sont mis en évidence par superposition de profils de deux mois successifs à l'exception de septembre et décembre (exemple mai-juin, juin-juillet,…). Les volumes sont exprimés en m^3 par mètre linéaire de plage.

L'allure des profils montre globalement une dissymétrie entre un estran mer caractérisé, à l'exception du P4, par de faibles pentes (pente moyenne = 5 %) et très dynamique et un estran lagune caractérisé par des pentes fortes (pente moyenne = 15%) et peu mobile.

Profil N°1 : embouchure

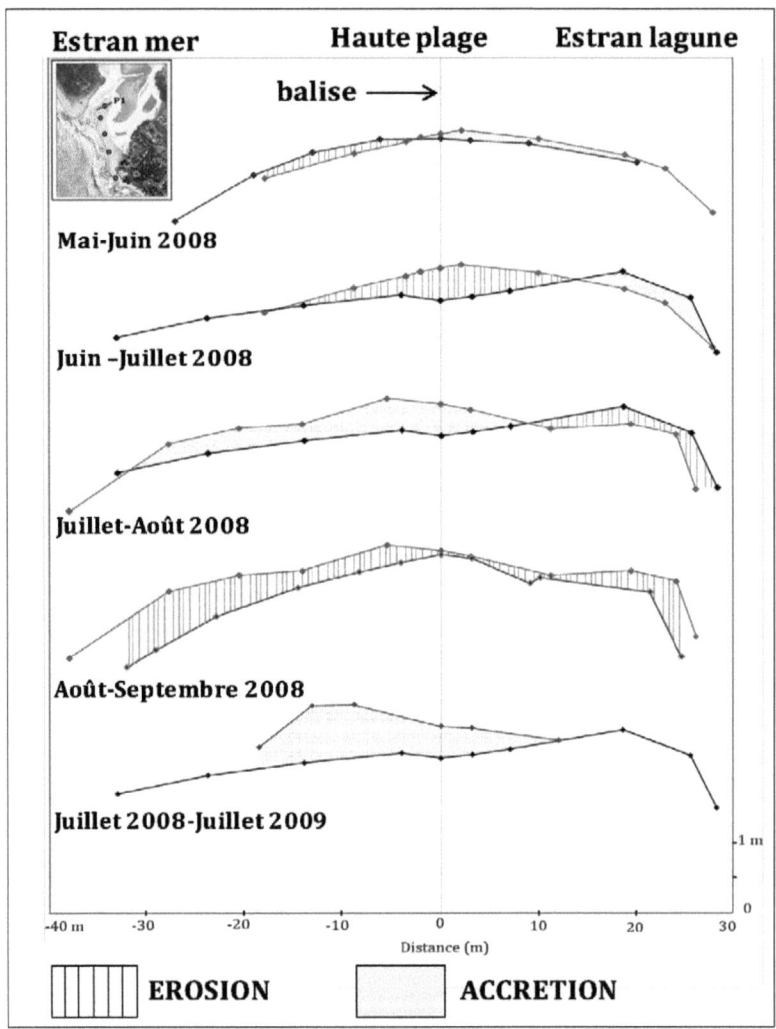

Figure 30 : Mouvements verticaux inter-mensuels sur le profil N°1 de la flèche sableuse

Mouvements sédimentaires sur le profil N°1 de la flèche sableuse (Figure 30).

- De mai à juin 2008, nous observons une érosion de l'estran alors que la haute plage est en accrétion. Les volumes érodés ainsi que ceux déposés sont égaux ; environ 2 m^3. Cependant on remarque une progression du profil vers la lagune.

- De juin à juillet, l'estran et une partie de la haute plage sont caractérisés par une érosion de 7,5 m^3. Une accrétion de 3 m^3 est enregistrée sur la haute plage du côté de la lagune. Au mois de juillet, le profil présente un déficit sédimentaire de 4,5 m^3.

- De juillet à août, une importante accrétion de 12 m^3 s'est produite sur l'estran et sur la moitié de la haute plage. Seule la partie terminale de la haute plage du côté lagune est en érosion, environ 3,5 m^3. Le bilan est excédentaire de 8,5 m^3.

- D'août à septembre, tout le profil est en érosion. Le volume érodé est estimé à environ 16 m^3.

- De mai à septembre, les profils présentent globalement une situation d'érosion à la fois sur l'estran mais aussi sur la haute plage.

A l'échelle annuelle (juillet 2008 à juillet 2009), nous observons un bilan positif avec une accrétion de 11 m^3 qui se fait essentiellement du côté de la mer.

Profil N°2 :

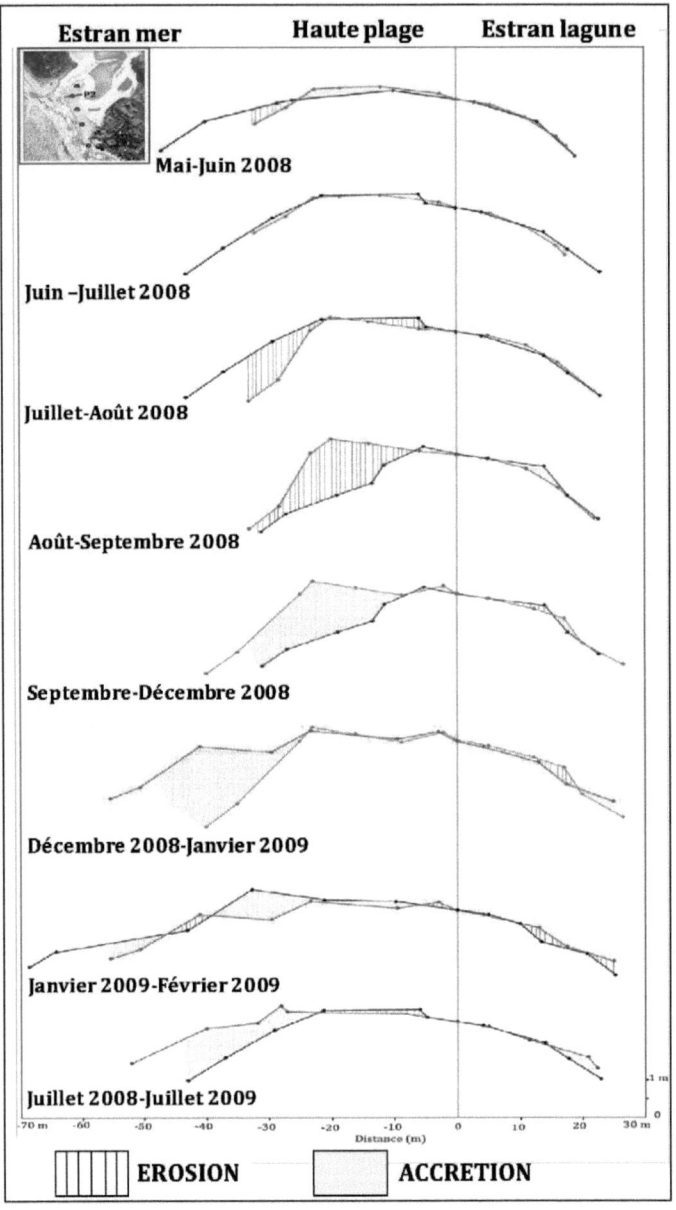

Figure 31 : Mouvements verticaux inter-mensuels du profil N°2 de la flèche sableuse

Mouvements sédimentaires sur le profil N°2 de la flèche sableuse (Figure 31).

- De mai à juin le profil N°2 montre une érosion du bas estran de 2 m^3 environ. Le haut estran du côté mer et la haute plage sont en accrétion d'un volume de 2,5 m^3. Le profil est relativement stable.
- De juin à juillet, on observe une succession de sections en érosion et en accrétion. Au total, 4 m^3 de sables ont été déposés. Ce dépôt s'est fait sur les estrans mer et lagune. Le total érodé est faible, environ 0,5 m^3.
- De juillet à août, l'érosion est très importante surtout au niveau de l'estran avec environ 12 m^3. Toutefois, une légère accrétion de 1 m^3 environ est remarquable sur l'estran du côté lagune. Le bilan est largement déficitaire, - 11 m^3.
- D'août à septembre, l'érosion s'est accentuée sur l'estran du côté mer et sur la haute plage. Environ 18 m^3 de sables ont été érodés. On remarque également une accrétion de 2 m^3 au niveau de l'estran du côté lagune.
- De septembre à décembre, nous remarquons une accrétion importante sur l'estran du côté mer, environ 20 m^3.
- De décembre à janvier, une phase de dépôt important s'est également produite sur l'estran du côté mer avec environ 14 m^3. Une érosion de 2 m^3 est enregistrée sur la haute plage.
- De janvier à février, le bas estran est en accrétion alors que le haut estran présente une phase d'érosion. L'estran du côté lagune est en érosion. Toutefois, sur l'ensemble du profil, le volume érodé (4 m^3) est inférieur à celui déposé (12 m^3) soit un bilan excédentaire de 8 m^3.

A l'échelle annuelle (juillet 2008 à juillet 2009), le profil montre une accrétion de 10 m^3 environ, essentiellement sur l'estran du côté de la mer.

Profil N°3 :

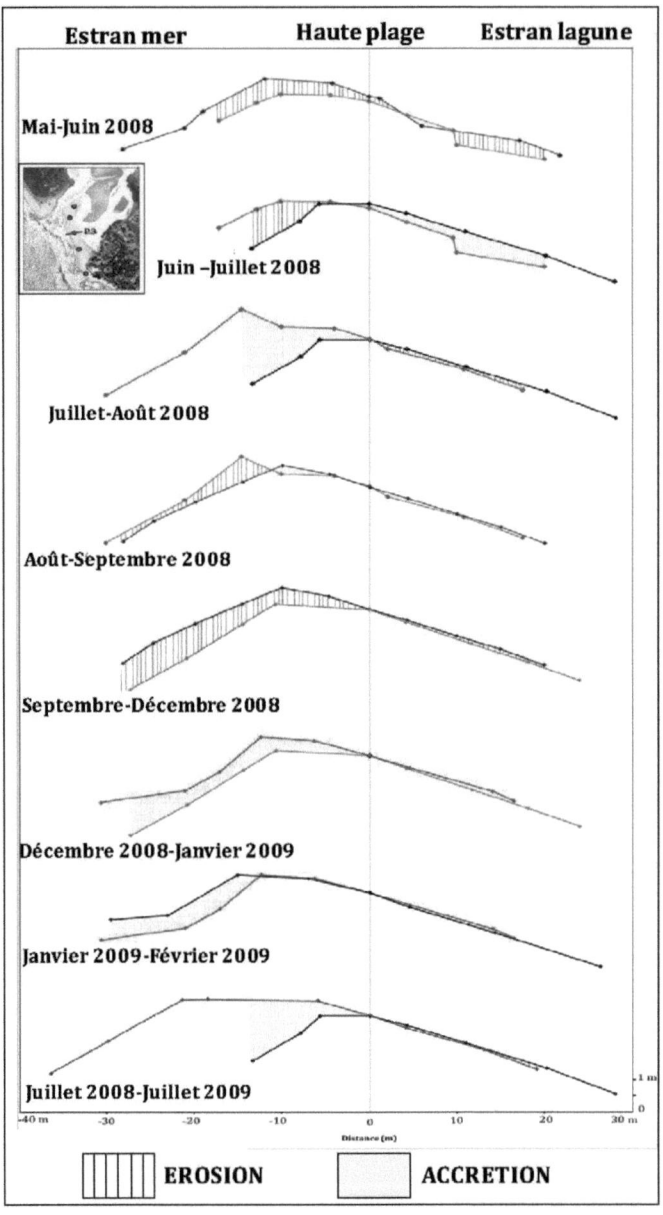

Figure 32 : Mouvements verticaux inter-mensuels sur le profil N°3 de la flèche sableuse

Mouvements sédimentaires sur le profil N°3 de la flèche sableuse (Figure 32).

- De mai à juin, nous remarquons une érosion sur presque tout l'ensemble du profil, 14m^3.
- De juin à juillet, nous notons une érosion sur l'estran du côté mer, 6 m^3 et une accrétion sur la haute plage, 9 m^3.
- De juillet à août, nous remarquons une accrétion importante, de l'ordre de 11 m^3, sur l'estran du côté mer. Nous remarquons également, du côté lagune, une érosion de 2 m^3 environ. Le bilan mensuel est excédentaire de 9 m^3.
- D'août à septembre, nous constatons une reprise de l'érosion sur l'estran du côté mer, 6 m^3 alors que la haute plage enregistre une accrétion de 3 m^3 environ, soit un bilan déficitaire de 3 m^3.
- De septembre à décembre, toutes les unités de la flèche sont en érosion, 17 m^3.
- De décembre à janvier, l'estran du côté mer est marqué par une phase de dépôt important de l'ordre de 13 m^3.
- De janvier à février, l'estran est également marqué par une accrétion de 10 m^3. Nous remarquons une absence de variation sur la haute plage.

A l'échelle annuelle (juillet 2008 à juillet 2009), le profil présente une accrétion de 11 m^3 sur l'estran du côté mer et une érosion de 1 m^3 sur la haute plage.

Profil N°4 :

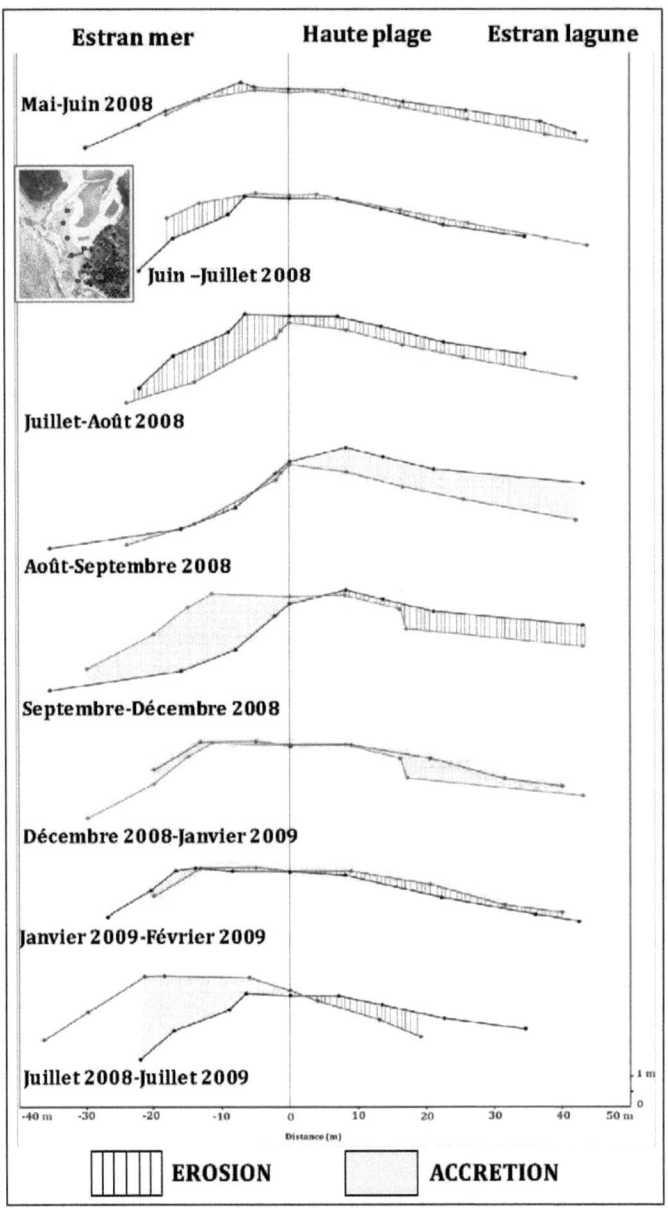

Figure 33 : Mouvements verticaux inter-mensuels sur le profil N°4 de la flèche sableuse

Mouvements sédimentaires sur le profil N°4 de la flèche sableuse (Figure 33)

- De mai à juin, tout le profil est en érosion. Un volume total de 14 m^3 a été érodé.
- De juin à juillet, nous remarquons également une érosion de 13 m^3 tout au long du profil, surtout sur l'estran du côté mer.
- De juillet à août, le phénomène d'érosion s'est accentué sur tout le profil. Le volume érodé est estimé à environ 35 m^3.
- D'août à septembre, la situation s'inverse et on observe une accrétion importante de 36 m^3 du côté de la lagune. Une légère érosion de 0,7 m^3 s'est produite sur le haut estran.
- De septembre à décembre, l'estran et la haute plage du côté mer sont en accrétion, 41 m^3. Le reste de la haute plage jusqu'à la lagune montre une érosion de 16 m^3 environ.
- De décembre à janvier, toute la flèche est caractérisée par un dépôt de l'ordre de 13 m^3, essentiellement du côté lagune.
- De janvier à février, nous remarquons un dépôt de 2 m^3 sur le bas estran alors que le reste du profil est en érosion de l'ordre de 9 m^3.

A l'échelle annuelle (juillet 2008 à juillet 2009), le profil présente une accrétion de 31 m^3 sur l'estran et une partie de la haute plage. De la haute plage jusqu'à la limite de la lagune, nous constatons une érosion de 8 m^3.

Les quatre profils présentent des évolutions similaires en fonction de la saison. Les profils indiquent plutôt une phase d'érosion de mai à septembre avec une anomalie en juillet-août pour le P1 et le P3. De septembre à février, tous les profils enregistrent plutôt un dépôt sauf le P3 qui, entre septembre et décembre, était en érosion. Ainsi, le fonctionnement morpho-sédimentaire de la flèche sableuse de Somone, sur notre période d'étude, est un fonctionnement saisonnier avec des évolutions globalement identiques sur l'ensemble de la flèche : accrétion en saison sèche et érosion en saison humide.

Profil N°5 :

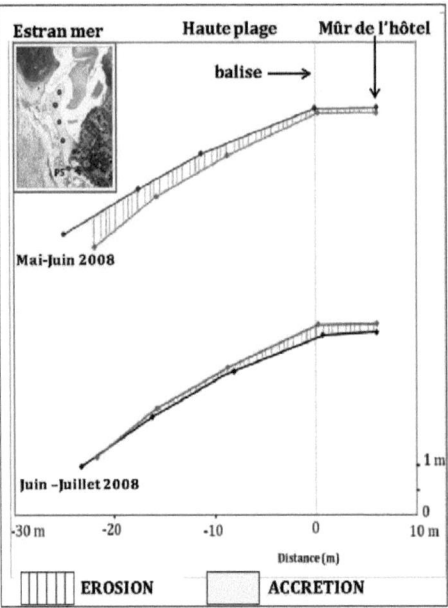

Figure 34 : Mouvements verticaux inter-mensuels sur le profil N°5 de plage

Le profil N°5 est un profil de plage en dehors de la flèche. Il présente une érosion généralisée sur les trois mois de suivis.

- De mai à juin, le profil présente une érosion avec un volume de 14 m^3 (Figure 34).
- De juin à juillet, nous remarquons également une érosion de 12 m^3 (Figure 34).

Cette zone est en érosion permanente et le profil n'a plus pu être suivi à partir de septembre 2008 car la plage avait complètement disparu (Figure 35).

Figure 35 : photographie du profil N°5

III.2. Bilans quantitatifs des mouvements sédimentaires

Le tableau ci-dessous est une synthèse des bilans mensuels et annuels des mouvements sédimentaires le long des cinq profils topographiques.

Tableau 3 : Volumes mensuels (en m³ par mètre linéaire de plage) des mouvements verticaux sur les profils : fond gris = saison des pluies, / fond blanc = saison sèche, / fond noir = bilan annuel.

Profil N° 1 : embouchure (P1)			
Mois	Erosion	Dépôt	Bilan
mai-juin	-2	+1,8	-0,2
juin-juillet	-7,5	+3	-4,5
juillet-août	-3,5	+12	+8,5
août-septembre	-16	+0,2	-15,8
juillet08-juillet09		+11	+11

Profil N°3 : P3			
Mois	Erosion	Dépôt	Bilan
mai-juin	-14	+0,7	-13,3
juin-juillet	-6	+9	+3
juillet-août	-2	+11	+9
août-septembre	-6	+3	-3
septembre-décembre	-17		-17
décembre-janvier	-0,2	+13	+12,8
janvier-février	-1,7	+10,5	+8,8
juillet08-juillet09	-1	+11	+10

Profil N° 5 : P5			
Mois	Erosion	Dépôt	Bilan
mai-juin	-14		-14
juin-juillet	-12		-12

Profil N°2 : P2			
Mois	Erosion	Dépôt	Bilan
mai-juin	-1,8	+2,5	+0,7
juin-juillet	-0,5	+4	+3,5
juillet-août	-12,4	+1	-11,4
août-septembre	-17,7	+2	-15,7
septembre-décembre	-1,4	+22	+20,6
décembre-janvier	-2,4	+14	+11,6
janvier-février	-4	+12	+8
juillet08-juillet09	-4,25	+14	+9,75

Profil N°4 : P4			
Mois	Erosion	Dépôt	Bilan
mai-juin	-14		-14
juin-juillet	-13		-13
juillet-août	-35		-35
août-septembre	-0,7	+36	+35,3
septembre-décembre	-16	+41	+25
décembre-janvier	-0,02	+13	+12,9
janvier-février	-9	+2	+7
juillet08-juillet09	-8,5	+31	+22,5

L'évolution mensuelle des mouvements verticaux démontre que la dynamique sédimentaire est très active sur la flèche de la Somone. Deux périodes d'évolution peuvent être distinguées :

✓ Une période de mai à septembre, dominée par des vents et les houles de Sud-Ouest (saison des pluies) caractérisée globalement par une érosion de la flèche sableuse.

✓ Une période de septembre à février, dominée par des vents et les houles du Nord-Ouest (saison sèche) présentant, contrairement à la précédente, une flèche littorale en accrétion. Ces résultats sont similaires à ceux de (i) Ndour (2006) sur le littoral de Rufisque à Bargny, zone située au Nord de la Somone et, de (ii) Ngami-Ntsiba-Andzou (2007) sur la flèche de Mbodiène située au Sud de la Somone.

Notons qu'en décembre 2008, l'apport en sédiments a été très conséquent au niveau de l'embouchure, obligeant ainsi les autorités à effectuer du dragage à l'aide d'un bulldozer.

Le bilan annuel (juillet 2008 – juillet 2009) est positif sur toute la flèche : + 11 m^3 pour P1, + 9,75 m^3 pour P2, + 10 m^3 pour P3, + 22,5 m^3 pour P4 (Tableau 3). Il ressort également que les mouvements sédimentaires sont plus importants du côté de la mer que du côté de la lagune quelle que soit la saison. Le flux sédimentaire moyen annuel, calculé à partir des quatre profils sur la flèche (P1, P2, P3 et P4), est de l'ordre de 13 m^3 par mètre linéaire de plage. Sachant que la longueur de la flèche est de 350 m, nous avons estimé le flux sédimentaire annuel de la flèche sableuse de Somone à environ 4 660 m^3 par an (de juillet 2008 à juillet 2009).

III.3. Analyses granulométriques

L'analyse granulométrique a été faite sur les sédiments de l'estran prélevés au niveau des profils, P1, P2, P3, P4 et P5. Nous présentons ici les résultats de cette analyse en comparant la granulométrie des sédiments en saison sèche (décembre 2008) à la granulométrie des sédiments en saison humide (juillet 2008). Nous avons également déterminé les teneurs en carbonates (en %) des sédiments de chaque profil et sur les deux saisons, à l'exception du P1 et du P5 où des prélèvements n'ont pas été effectués en saison sèche.

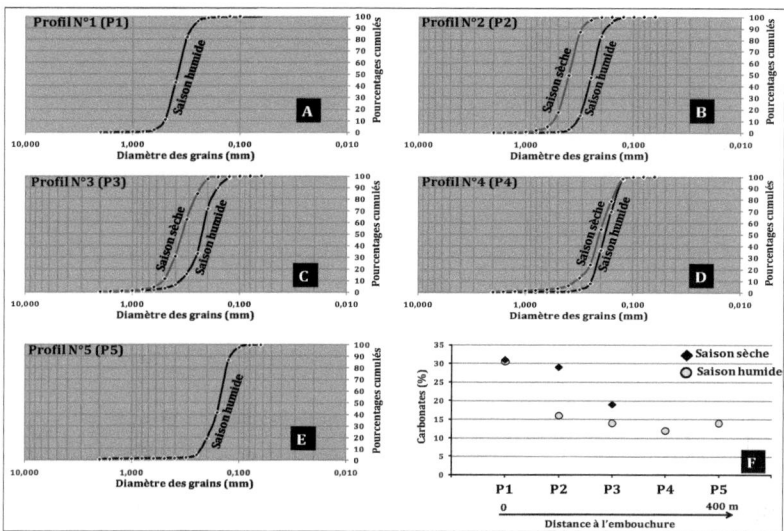

Figure 36 : Granulométrie et teneur en carbonates des sédiments de l'estran au niveau des profils P1, P2, P3, P4 et P5, en saison sèche (décembre 2008) et en saison humide (juillet 2008).

Les sédiments sont dans l'ensemble bien classés avec un indice de classement ou Sorting Index (So) compris entre 0,39 et 0,6. Tous les sédiments présentent un coefficient d'asymétrie légèrement négatif, ce qui indique une légère prédominance de la fraction fine, essentiellement composée de sables fins.

L'évolution des courbes granulométriques indique un mode soit dans les sables moyens, soit dans les sables fins (Figure 36). Sur le P1 (situé à l'embouchure), l'estran est constitué, en saison humide, de 85 % de sables moyens (Figure 36. A). Au niveau du P2, les sédiments de l'estran, en saison humide, sont constitués de 52 % de sables fins et de 47 % de sables moyens, contre 80 % et 17 % en saison sèche, respectivement en sables moyens et en sables fins (Figure 36. B). Le P3 présente en saison humide, un estran constitué de 65 % de sables fins et de 30 % de sables moyens alors qu'en saison sèche, ce sont les sables moyens qui dominent, 73 % contre 15 % de sables fins (Figure 36. C). Les sédiments de l'estran au niveau du P4 sont dominés par les sables fins quelle que soit la saison : 90 % et 74 % de sables fins respectivement en saison humide et en saison sèche (Figure 36. D). Les teneurs en sables moyens sont plus importantes en saison sèche (21 %) qu'en saison humide (7 %). Le P5 présente un estran constitué de 95 % de sables fins et de 2 % de sables moyens (Figure 36. E). Nous observons qu'il existe un **gradient sédimentaire** décroissant du P1 (l'embouchure) vers le P5 (la plage). Ce gradient est mis en évidence par l'affinement des sédiments allant des sédiments moyens à l'embouchure (P1) vers des sédiments fins au niveau de P3, P4 et P5. Il apparaît également une différence granulométrique sur les profils P2 et P3 liée à la saison (Figure 36). Sur ces deux profils, l'estran est dominé par les sables moyens à plus de 76 % en saison sèche alors qu'en saison humide, ce sont les sables fins qui dominent, environ 60 %.

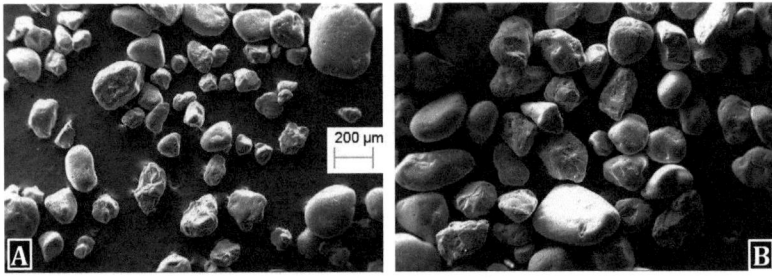

Figure 37 : Analyse microscopique comparée des sédiments de l'estran. A. saison humide (juillet 2008) et B. saison sèche (décembre 2008)

L'analyse microscopique des sédiments montre également les différences granulométriques décrites précédemment : prédominance des sables fins en saison humide (Figure 37. A) et des sables moyens en saison sèche (Figure 37. B).

Les teneurs en carbonates varient en fonction de la saison mais aussi en fonction de la distance à l'embouchure. En saison humide, il existe un gradient décroissant des teneurs en carbonates, du P1 (l'embouchure) vers le P5 : 30 % pour P1, 16 % pour P2, 14 % pour P3, 12 % pour P4 et 14 % pour P5 (Figure 36. F). Le gradient est présent également en saison sèche mais avec des teneurs en carbonates deux fois supérieures à celles mesurées en saison sèche. Elles sont de 31 %, 29 % et 19 % respectivement pour P2, P3 et P4 (Figure 36. F). Ces résultats sont similaires à ceux de Benga (1984) qui avait mesuré, au niveau de l'embouchure de la Somone, des teneurs en carbonates comprises entre 10 et 40 %. Nos résultats montrent également que les sédiments les plus grossiers sont plus carbonatés et plus mobiles que les sédiments fins, qui apparaîssent suite aux processus d'érosion.

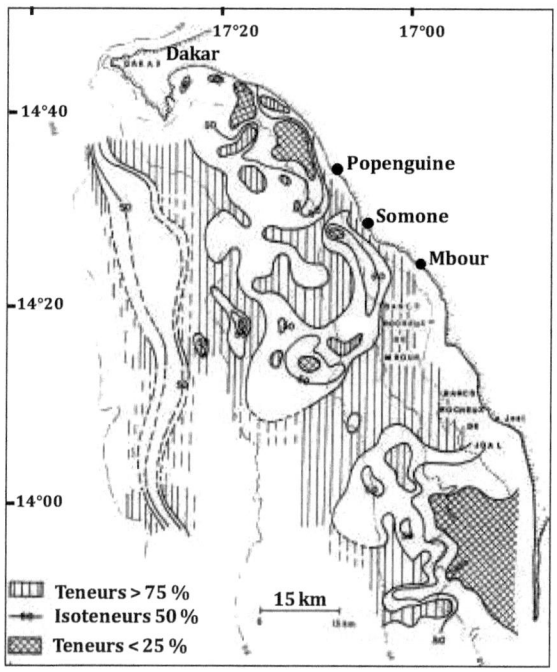

Figure 38: Répartion des carbonates sur la Petite Côte (d'après Barusseau, 1984)

Ces sédiments plus carbonatés et plus mobiles sont constitués essentiellement constituées de sables moyens à plus de 70 %. Ces résultats se corrèlent bien à ceux de Barusseau (1984) qui montrent que l'avant côte de la Somone est constitué à plus de 75 % de sables moyens et est caractérisée par un faible stock en carbonates, inférieur ou égal à 50 % par rapport au reste de la Petite Côte (Figure 38).

III.4. Schéma de fonctionnement annuel de la flèche sableuse de Somone

L'identification des directions du transit sédimentaire le long des côtes sableuses peut se faire à partir d'analyse d'indices granulométriques. Les mouvements sédimentaires qui caractérisent les environnements de dépôt sont depuis longtemps appréhendés par l'observation de gradients sédimentaires (Bourcart et Boillot, 1960) et l'analyse de courbes granulométriques (Middleton, 1976). Ainsi, les gradients sédimentaires, observés sur la flèche de Somone, montrent que le transit sédimentaire se fait du Nord vers le Sud, donc dans le sens de la dérive littorale générale, N-S. La migration de la flèche sableuse de la Somone, dans le sens contraire à la dérive littorale générale, serait le résultat d'un fonctionnement en cellule hydrosédimentaire, avec des processus spécifiques. Ainsi, la position de l'embouchure dans la partie Nord du système semble jouer un rôle important sur le transit sédimentaire N-S. Les courants tidaux, très forts dans la passe de l'embouchure, surtout pendant les périodes de vives-eaux, peuvent canaliser la charge sédimentaire du transit littoral et l'évacuer vers le large. Ce phénomène a été mis en évidence dans des travaux antérieurs (Balouin, 2001). Selon l'auteur, les courants tidaux au niveau des embouchures littorales représentent une véritable barrière hydrodynamique au transit sédimentaire et entraînent une érosion sur les flèches sableuses. Sur la Somone, les périodes de grandes vives-eaux sont observées pendant la saison des pluies. C'est également pendant cette période que la flèche est en érosion. En même temps, les houles de NW qui assurent le transport sédimentaire le long de la Côte sont remplacées par les houles de SW, qui, sur la Somone, ont plutôt des effets érosifs. Les observations de Balouin (2001) semblent ainsi se vérifier sur le système de la Somone.

A l'exception des courants de marée, le vent peut être considéré comme étant le moteur du mouvement des masses d'eau et donc des conditions hydrodynamiques. Masmoudi et al., (2005) montrent que les tempêtes sont responsables de la destruction partielle des profils de plage alors que les courants de dérive assurent les transits sédimentaires. Les vagues et les courants de marée à travers les passes gouvernent la morphodynamique des embouchures tidales (Albert and Jorge, 1998 ; Kraus, 1999 ; Kumar and Jayappa, 2009). Toutefois, leurs variations géométriques régionales sont expliquées par les différences climatiques et les amplitudes de marée (Hubbard *et al*, 1977 ; Hayes, 1980). Ainsi, l'analyse des mouvements verticaux des profils de plage a montré que la flèche sableuse de la Somone est assujettie à une dynamique sédimentaire active avec un double fonctionnement.

Il existerait alors un cycle sédimentaire essentiellement contrôlé par la saison : accrétion en saison sèche et érosion en saison humide. La phase d'accrétion est caractérisée par des apports en sédiments plus grossiers, des sables moyens. Les sables moyens peuvent provenir de la zone subtidale où ils ont été identifiés (Barusseau, 1984). Nos observations sont à l'inverse de ce qui est globalement observé sur la plupart des littoraux. En effet, en général, l'érosion laisse apparaître des sédiments grossiers suite au départ préférentiel des éléments fins (par « backwash » des houles érosives) et, pendant les périodes d'accrétion, les houles constructives nourrissent les estrans en sédiments fins (Dubois, 1989).

Le schéma de fonctionnement proposé ci-dessous est constitué d'hypothèses et peut permettre d'expliquer les mouvements sédimentaires observés sur la flèche sableuse de la Somone. Les trois hypothèses proposées dans ce schéma sont construites en fonction des directions de houles et d'une probable zone de stockage au niveau de l'avant côte (Figure 39).

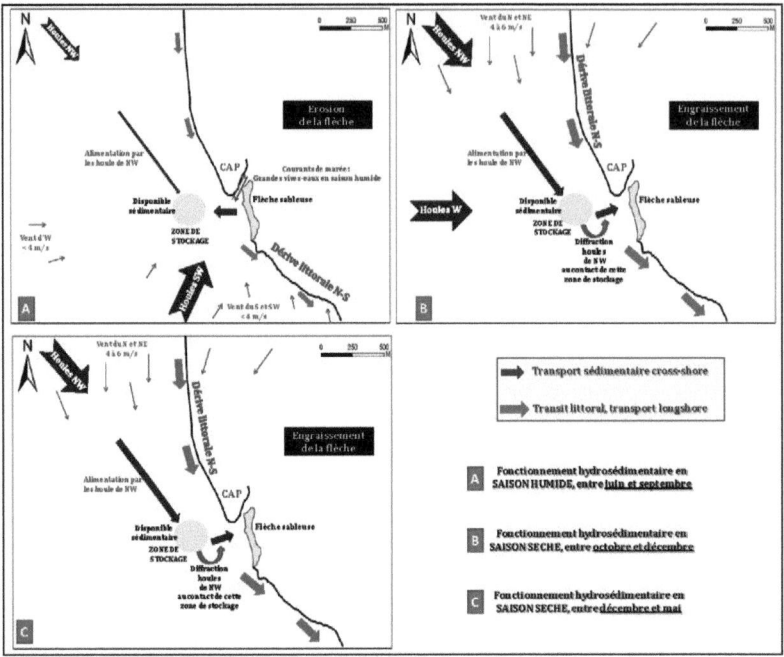

Figure 39 : Schéma du cycle sédimentaire au niveau de l'embouchure de la Somone : A. phase d'érosion / B. & C. phase d'engraissement.

- ✓ **Erosion en saison humide de juin à septembre (Figure 39. A).**

Cette période est marquée par l'influence les houles de Sud-Ouest (SW) moins énergétiques et par des vitesses de vents plus faibles (<4 m.s^{-1}). Sur la Petite Côte, le transit sédimentaire se fait en direction du Sud, en présence des houles de Nord-Ouest. Les houles de SW semblent ne pas transporter du sédiment et ont des effets érosifs au contact de la côte. Sur la flèche sableuse de la Somone, ces houles semblent mettre en mouvement les sédiments déposés pendant la saison sèche précédente lors des conditions hydrodynamiques fortes. Ces sédiments (sables moyens) peuvent être repris par les courants de marée dans la passe, surtout pendant la saison des pluies qui est la période des grandes marées de vives-eaux (cf. données du SHOM au port de Dakar). Ils peuvent ainsi être évacués vers le large en constituant un delta de jusant et/ou alimenter la zone de stockage sédimentaire supposée (Figure 39. A).

✓ **Engraissement en saison sèche d'octobre à décembre (Figure 39. B).**

C'est pendant cette période que les plus fortes houles sont enregistrées. Il s'agit des houles d'Ouest, les plus énergétiques. La configuration du littoral de la Somone présente une côte largement ouverte à la direction de ces houles. Selon Niang-Diop (1995) les facteurs locaux jouent un rôle important dans l'évolution des littoraux sableux. Le disponible sédimentaire de la zone de stockage supposée, peut être transporté par ces houles et nourrir la flèche en sédiments plus grossiers par apports cross-shore de sables moyens.

✓ **Engraissement en saison sèche de décembre à février (Figure 39. C).**

Cette période est caractérisée par une dynamique d'accrétion importante. La houle de Nord-ouest, bien que subissant des phénomènes de diffraction au contact de la tête de la presqu'île du Cap-Vert, se manifeste pendant cette période sur le littoral de la Somone et semble être à l'origine des mouvements sédimentaires observés. Selon Niang-Diop (1995), le transit sédimentaire se recharge dans le secteur Nord de la Petite Côte et est dirigé vers le Sud pour un faible flux estimé entre 10 500 et 300 000 m^3 par an (Barusseau, 1980). Entre Rufisque et Mbour, Faye (2010) estime un transit sédimentaire entre 10 000 et 25 000 m^3 par an. Il faut noter également que c'est pendant cette période de l'année que les vitesses de vents sont les plus fortes (4 à 6 m.s^{-1}) à l'exception des coups de vent. Cela pourrait renforcer les actions de la houle de Nord-Ouest et par conséquent augmenter les volumes de sable mis en mouvement. En effet, nous avons observé durant nos campagnes de terrain, la présence d'un delta de jusant au niveau de l'embouchure. Il s'engraissait de décembre 2008 à mars 2009 (saison sèche) et démaigrissait entre juin et septembre (saison des pluies de 2008). Ces houles de NW semblent subir une série de diffractions au contact de cette zone et un transport résiduel pourrait entraîner les sédiments vers le NE, dans le sens de migration de la flèche (Figure 39. C).

Le cycle ainsi observé sur l'estran de la flèche de la Somone semble indiquer que les sédiments sous-jacents de l'estran sont constitués de sables fins. Les conditions météorologiques, plus intenses en saison sèche, favoriseraient des apports de sédiments moyens qui recouvriraient les sédiments fins de l'estran. En saison humide, ces sédiments seraient repris par les houles de Sud-Ouest et les courants tidaux et évacués vers le large ou dans une zone de stockage à proximité de l'embouchure. Le schéma semble donc montrer un mouvement saisonnier des sédiments plus grossiers (sables moyens) qui, par érosion en saison humide, font apparaître les sédiments fins de l'estran.

Toutefois, des mesures de houles au rivage permettraient de discriminer les influences saisonnières des régimes de houles, qui semblent être responsables de la dynamqiue sédimentaire observée sur la flèche sableuse de la Somone entre mai 2008 et juillet 2009.

IV Evolution pluri-décennale du littoral sableux de la Somone

Le schéma de fonctionnement sédimentaire de la flèche sableuse de la Somone peut être vérifié à une échelle pluri-annuelle.

IV.1. Evolution morphodynamique du cordon sableux

L'analyse diachronique de l'évolution d'un cordon littoral sableux à partir de photographies aériennes est complexe. Elle nécessite une grande précision dans le choix de critères pour identifier le trait de côte. Celui-ci est assimilé à la ligne de rivage de pleine mer. La différence radiométrique entre les parties sèches et humides de l'estran permet de l'identifier sur les photographies aériennes (Dolan *et al.*, 1978 ; Douglas et Crowell, 2000 ; Faye, 2010).

Contrairement à la plupart des flèches littorales, celle de la Somone est dirigée vers le nord, en sens contraire à la dérive littorale générale (N-S). La figure ci-dessous (Figure 40) montre l'évolution du littoral dans le secteur de l'embouchure de la Somone entre 1946 et 2006. Sur cette période de 60 ans, la zone côtière a connu une évolution très remarquable. La période de 1946 à

1954, est marquée par un épaississement du cordon et un allongement de la flèche vers le Nord (Figure 40. A&B). En 1974 (Figure 40. C) nous remarquons une inversion du sens de migration de la flèche et la formation d'une nouvelle flèche orientée vers le sud, entraînant ainsi le déplacement de l'embouchure de la Somone vers le sud. En 1978 (Figure 40. D), cette nouvelle flèche a disparu et la flèche précédente a repris sa migration vers le nord. La carte de 1989 (Figure 40. E) indique un dégraissement du cordon sableux dans sa partie nord et un engraissement au niveau de l'embouchure, matérialisé par une forme en « coude » (Figure 40. E).

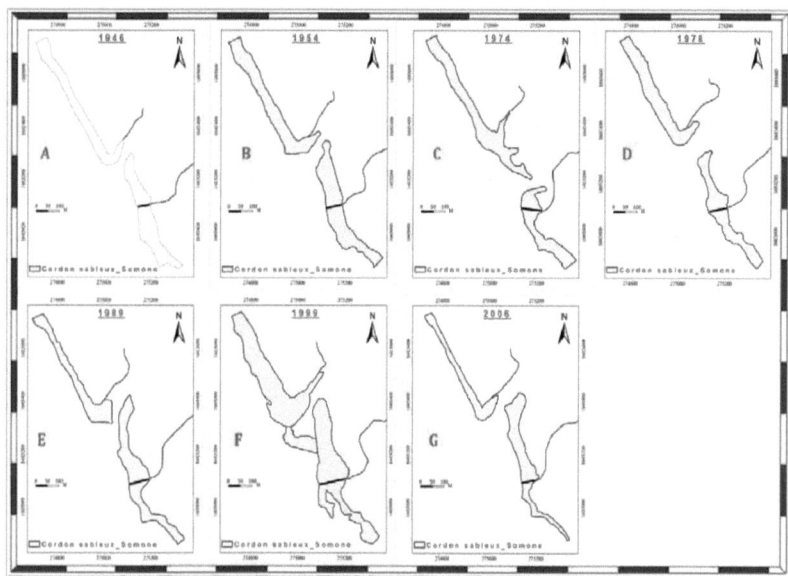

Figure 40 : Evolution du littoral de la Somone

La carte de 1999 montre un engraissement important sur tout le cordon sableux à l'exception de l'extrêmité sud marquée par des zones en érosion (Figure 40. F). Cette année présente une spécificité morphologique par rapport à toute la période d'analyse. Elle se caractérise par la formation d'un delta de jusant mais aussi d'une petite flèche au sud de l'embouchure migrant dans le sens de la dérive littorale (Figure 40. F). En comparant les cartes de 1999 et 2006 (Figure

40. E & F), on observe que le cordon sableux a connu une dynamique morpho-sédimentaire importante. L'épaisseur du cordon en 1999 est deux fois supérieure à celle de 2006, surtout sur le cordon nord.

IV.2. Dynamique de la flèche

Les mêmes clichés sont utilisés pour l'analyse de cette dynamique.

IV.2.1. Les indices morphologiques

Les indices morphologiques utilisés pour mettre en évidence la dynamique spatio-temporelle de la flèche sont la surface, la longueur, la largeur médiane et le rapport (L/l)/10 (Figure 41).

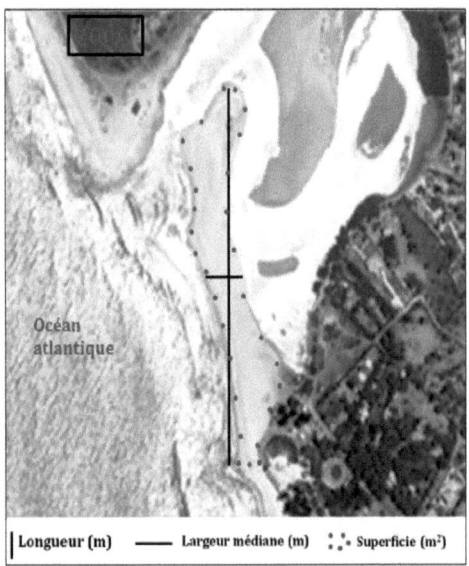

Figure 41 : Représentation du modèle de mesure des indicateurs morphologiques

La superficie (en m²) correspond à la surface totale émergée dont les limites correspondent à celles entre la partie mouillée et la partie sèche de la plage ;

La longueur (en m, notée L) mesure l'étendue de la flèche et correspond à la distance entre ses deux extrémités maximales (entre la base et la pointe de la flèche) ;

La largeur médiane (en m, notée l) correspond à la largeur de la plage mesurée à 50 % de la longueur de la flèche ;

Le rapport ((L/l)/10) permet de définir la forme de la flèche. Plus le rapport est proche de 1, plus la flèche s'allonge.

Les résultats sont présentés dans le tableau ci-dessous :

Tableau 4 : Indices morphologiques de la flèche sableuse entre 1946 et 2006

ANNEES	Superficie (m²)	Longueur (m)	Largeur médiane (m)	Rapport (L/l)/10
1946	9646	205	48	0,4
1954	14560	258	51	0,5
1974	5672	74	69	0,1
1978	11401	229	29,5	0,7
1989	17522	333	39	0,8
1999	25974	323	62,5	0,5
2006	17748	340	50	0,7

Les indices morphologiques montrent des variations temporelles très fortes et similaires. La superficie varie entre 5 672 m^2 en 1974 et 25 974 m^2 en 1999. La longueur maximale a été mesurée en 2006 avec 340 m et celle minimale en 1974 avec seulement 74 m (Tableau 4). Les valeurs de la largeur médiane varient de 48 m, en 1946, à 69 m en 1974. La largeur médiane mesurée en 1999 (62,5 m) est la plus importante après celle de 1974 (Tableau 4). Le plus faible rapport L/l/10 (0,1) est mesuré en 1974 et le plus fort en 1989 (0,8).

L'analyse temporelle des indicateurs morphologiques montre deux périodes clés dans l'évolution de la flèche et de l'embouchure (Figure 42).

Les années 1970 : cette période est caractérisée par un comblement de l'embouchure entre 1967 et 1969. Elle est aussi marquée par (i) une diminution importante de la superficie et de la longueur de la flèche, (ii) la migration de la flèche et le déplacement de l'embouchure vers le sud, (iii) le plus faible rapport (L/l) de toute la période d'analyse.

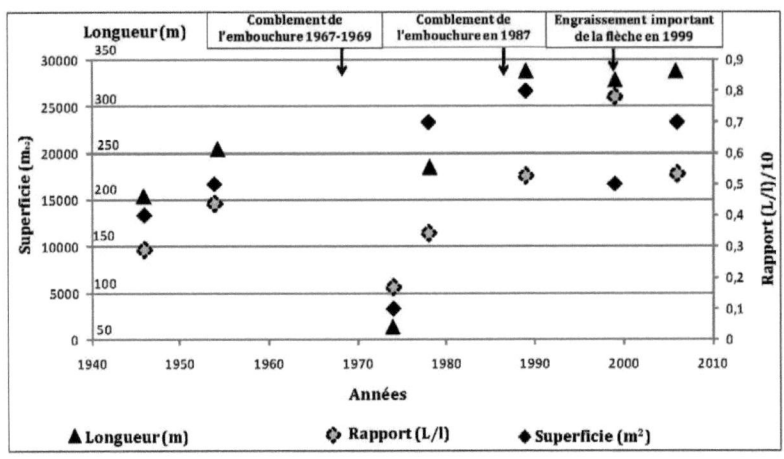

Figure 42 : Synthèse de l'évolution temporelle des indices morphologiques sur la flèche sableuse

Les années 1990 : le deuxième comblement s'est produit en 1987. Nous avons mesuré en 1999 le plus important engraissement de la flèche, 25 974 m² et la formation d'un delta de jusant.

IV.2.2. **Analyse du vent sur la période 1980 - 2004**

Les seules données à notre disposition pouvant donner une information sur l'agitation de la mer sont des données de vent (station de Mbour).

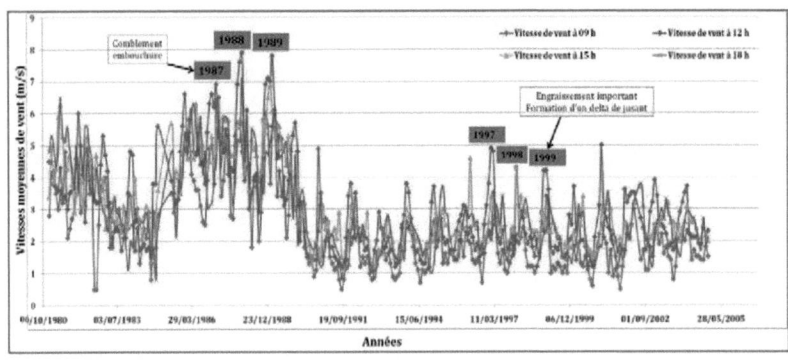

Figure 43 : Vitesses moyennes mensuelles des vents à 9h, 12h, 15h et 18h (Station de Mbour)

Les résultats montrent deux périodes agitées :

La période de 1985 à 1990 : elle est marquée par des vitesses de vent plus fortes, entre 6 et 8 m.s^{-1} (Figure 43). Elle correspond à une période de forte agitation et de tempêtes qui a imprimé au littoral de la Petite Côte une dynamique morpho-sédimentaire remarquable. L'embouchure de la Somone a enregistré des apports massifs en sédiments, ce qui a été, sans doute, à l'origine de son comblement en 1987. C'est également en février 1987 qu'est intervenue la rupture de la flèche de Sangomar, située à environ 80 km au Sud de Somone, suite à une tempête exceptionnelle (Diaw, 1997).

La période de 1990 à 2004 est caractérisée par des vitesses de vent plus faibles, en général inférieures à 4 m.s^{-1} (Figure 43). Sur cette période, on peut observer trois années successives, 1997, 1998 et 1999, avec des vitesses de vent supérieures à 4 m.s^{-1} (Figure 43). Elle semble correspondre à des années aux conditions hydrodynamiques et aérodynamiques fortes ; ce qui peut expliquer la situation observée en 1999 sur le littoral de la Somone : engraissement important de la flèche, formation d'une nouvelle flèche dirigée vers le Sud, formation d'un delta de jusant à l'embouchure de la Somone (Figure 44).

IV.3. Mobilité de l'embouchure de la Somone

La Figure 44 synthétise l'évolution pluriannuelle de la flèche sableuse et de l'embouchure de la Somone. Le fait marquant de cette dynamique est le double sens de migration de la flèche et la mobilité de l'embouchure (Figure 44).

Le changement d'orientation de la flèche a été important en 1974 avec une migration de l'embouchure de 184 m vers le Sud (Figure 44. a).

En 1978, l'embouchure s'est déplacée à nouveau mais, vers le Nord où elle a retrouvé sa position de 1954 (Figure 44. b). Elle a une largeur de 85 m et, est la plus large de toutes les autres années observées (Figure 44). En même temps, la flèche s'est allongée à nouveau vers le Nord, 155 en 4 ans, c'est-à-dire entre 1974 et 1978.

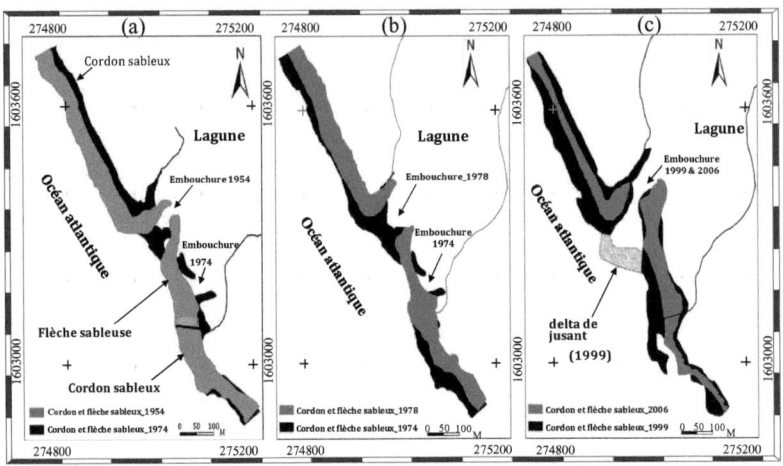

Figure 44 : Morphodynamique de l'embouchure de la Somone entre 1954 et 2006

En 1999, l'embouchure de la Somone présente une spécificité naturelle : un delta de jusant visible (Figure 44. c). L'embouchure n'a pas changé de position et la flèche s'allonge vers le Nord (Figure 44. c). En 2006, le delta disparaît, attestant ainsi de l'importance des facteurs morphodynamiques qui gouvernent le fonctionnement de l'embouchure de la Somone.

Cette évolution pluriannuelle résulterait de l'interaction de paramètres forçants comme la houle, les courants de marée et les tempêtes mais aussi, de la configuration de la zone côtière. Ces facteurs sont largement décrits dans la littérature comme étant responsables de l'évolution des littoraux sableux en domaine micro-tidal (Anthony, 1991 ; Gao *et al.,* 1994 ; Niang-Diop, 1995; Jia *et al*, 2003 ; Castelle *et al.,* 2007 ; Pacheco *et al.,* 2010). Au niveau de la Somone, les courants tidaux, très forts au niveau des passes, favoriseraient le maintien de l'embouchure et la construction d'un appareil deltaïque de flot et de jusant. L'analyse des données de télédétection (1946 -2006) montre que la migration de la flèche de Somone se fait vers le Nord, donc dans le sens contraire de la dérive littorale. La mobilité de l'embouchure a entraîné une modification du réseau de drainage dans l'estuaire. En comparant les années 1974 et 2006, on s'aperçoit que les changements de direction de migration de la flèche entraînent une réorganisation du réseau de drainage dans l'estuaire (Figure 45).

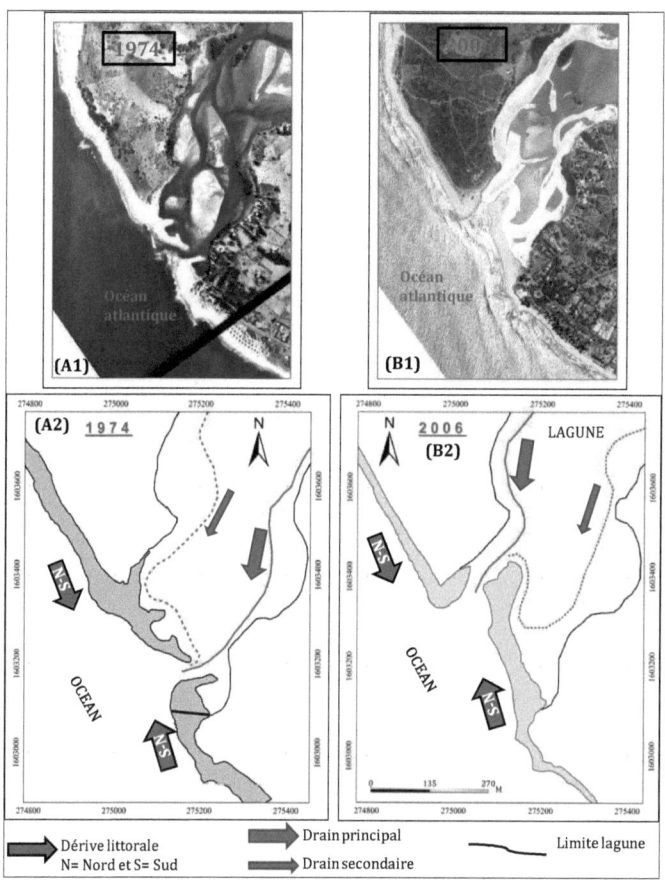

Figure 45 : Photographies (A1, B1) et cartographies (A2, B2) diachroniques (1974 et 2006) de l'embouchure de la Somone.

La situation observée en 1974 (Figure 45. A1 & A2) qui se caractérise par une inversion du sens de migration de la flèche, semble être exceptionnelle. Nous remarquons à cette date, la formation d'un grand banc sableux au milieu du drain principal (au moins depuis 1946) devenu secondaire (Figure 45. A1 & A2). La migration de l'embouchure vers le sud ainsi que la position du drain principal (Figure 45. A1 & A2) contraignent la flèche à migrer vers le nord. Le transit

154

littoral N-S semble important, ce qui favoriserait la formation de cette nouvelle flèche dirigée vers le SSE (Figure 45. A2). En 1978, l'embouchure retrouve sa potion initiale, celle observée depuis 1946. La comparaison des années 1974 et 2006 illustre la réorganisation des drains et la restructuration des bancs sableux internes (Figure 45. B1). On remarque qu'en 2006, la migration de la flèche vers le nord a entraîné ainsi une reprise de compétence du drain nord alors que le drain sud devient secondaire (Figure 45. B2). L'embouchure de la Somone retrouve ainsi sa position initiale, celle observée depuis 1946.

Ainsi, l'évolution morpho-sédimentaire du littoral de la Somone (flèche sableuse et embouchure) serait le résultat des variations régionales observées à l'échelle locale. Entre 1972 et 1973, l'embouchure de la langue de Barbarie, sur la côte nord du Sénégal, a connu sa plus grande évolution régressive jamais observée depuis 1959. En 1 an, elle a reculé de 10,42 km vers le Nord (PNUE/UCC-Water/SGPRE, 2002). Tout le volume érodé pourrait transiter et alimenter le littoral de la Petite Côte. Toutefois, cette hypothèse reste peu probable car les deux structures bathymétriques, les canyons de Kayar et de Dakar, bloqueraient en grande partie ce transit. Sur la flèche littorale de Mbodiène, située à environ une cinquantaine de kms au sud de la Somone, Turmine (2001) a constaté un comblement de l'embouchure entre 1972 et 1974. L'évolution de l'embouchure de la Somone s'est traduite par un comblement en 1967-1969 puis en 1987. C'est lors de cette année 1987 que s'est produite la plus grande rupture de la flèche de Sangomar, plus précisément le 27 février 1987 (Diaw, 1997). Cette rupture fait suite à une grosse tempête avec des houles de Nord-Ouest de forte amplitude (2,5 à 3,5 m). Là encore, ces tempêtes de NW peuvent jouer un rôle important sur les apports sédimentaires et donc sur le transit littoral dans le secteur de la Petite Côte. Ceci confirme le schéma de circulation (Figure 39) avec des phénomènes d'accrétion lors des tempêtes de NW pouvant conduire à des comblements comme en 1967-1969 puis en 1987 et/ou des inversions de flèches comme cela a été observé en 1974 sur la flèche sableuse de la Somone. .

En effet, les années 1970, correspondant à un changement de régime dans l'évolution climatique (passage d'une période humide à une période sèche) semblent être marquées par une réorganisation des mécanismes globaux de l'hydro-climat. Au Sénégal, la durée de la saison des pluies est plus courte (5 à 3 mois) et la saison sèche devient plus longue. Cela peut favoriser plus de vents du Nord, du Nord-Ouest et du Nord-Est et donc plus de houles de Nord-Ouest. Les phénomènes d'agitation des masses d'eau dûs aux vents peuvent donc être plus importants avec plus de tempêtes de NW et par conséquent imprimer, aux littoraux sableux en général et aux flèches sableuses en particulier, des évolutions exceptionnelles comme cela a été observé sur les flèches de la Langue de Barbarie, de Mbodiène et de la Somone en 1974.

V Variations naturelles et impacts anthropiques sur l'évolution sédimentaire de la flèche de Somone

Une enquête locale auprès des extracteurs de sable sur le littoral de la Somone a permis de faire une estimation globale du volume prélevé. Une étude comparative de bilans sédimentaires liés à des variations naturelles et à l'extraction de sables de plage sur la Somone peut être réalisée. Le volume maximal de sables prélevé entre 1994 et 1998, si l'on considère que l'extraction se faisait chaque nuit, est de 2 000 m^3 par an. Nous avons calculé les volumes de la flèche en 1946, en 1954, en 1974, en 1978, en 1989, en 1999 et en 2006. La hauteur moyenne de la flèche a été déterminée à partir des profils topographiques réalisés entre mai 2008 et juillet 2009. Le volume de la flèche pour ces différentes années est calculé en multipliant la hauteur moyenne par la surface de la flèche pour chaque année. Ainsi, les résultats montrent des variations de volume très importantes : 9 300 m^3 en 1946, 14 000 m^3 en 1954, 5 500 m^3 en 1974, 11 000 m^3 en 1978, 17 000 m^3 en 1989, 25 000 m^3 en 1999 et 17 000 m^3 en 2006. Le bilan des mouvements sédimentaires est estimé entre - 400 et + 1 400 m^3 par an. L'année 1974 présente le plus faible volume car, elle correspond à la période d'inversion de la direction de migration de la flèche, donc a subi une érosion très forte (Figure 45. A). Le volume maximal a été enregistré en 1999. On note que le volume estimé, 4 660 m^3 par an sur l'année 2008-2009, est plus important que le volume moyen évalué sur une période de

60 ans (entre - 400 et + 1 400 m^3 par an). Le volume maximal prélevé, estimé à 2000 m^3.an^{-1} pour des besoins de construction, est du même ordre de grandeur que les variations naturelles. Cette estimation doit être confirmée par des enquêtes plus poussées, notament sur la période exacte des extractions et leur fréquence. Toutefois, la part de l'activité anthropique doit être prise en compte dans les calculs de bilans sédimentaires globaux.

L'analyse pluridécennale montre trois périodes principales dans la mobilité de l'embouchure de la Somone : 1974, 1987 et 1999. Ces trois années sont caractérisées par des apports sédimentaires importants qui ont conduit à (i) la formation, en 1974, d'une flèche de 250 m de long et surtout dirigée vers le sud, dans le sens principal de la dérive littorale, (ii) la fermeture de l'embouchure en 1987 et (iii) l'engraissement important de la flèche (la plus grande superficie de la flèche a été mesurée en 1999), la formation d'un delta de jusant et une nouvelle flèche dirigée vers le sud (observée en 1999). L'analyse des vitesses de vent montre que ces trois périodes correspondent à des conditions météorologiques particulières ou exceptionnelles avec des vitesses pouvant atteindre 8 m.s^{-1}. Ces résultats semblent montrer que l'agitation due aux forts vents et aux houles entraîne un important transport sédimentaire dans le sens de la dérive littorale N-S et un dépôt au niveau des embouchures car, elles représentent des zones de faible transit. Ainsi, cette évolution pluridécennale semble confirmer les hypothèses établies dans le schéma de fonctionnement annuel de la flèche sableuse de la Somone.

VI Conclusions

L'embouchure de la Somone est caractérisée par une flèche sableuse inverse par rapport à la dérive littorale dominante en zone de faible transit littoral. Une cellule hydrosédimentaire spécifique, présente à l'embouchure, montre de nettes variations mensuelles et/ou saisonnières. Les processus d'érosion interviennent pendant la saison des pluies, entre juillet et septembre, et l'accrétion se fait pendant la saison sèche, entre décembre et février. Les plus fortes vitesses de vent (4 à 6 m.s^{-1}) sont observées pendant la saison sèche.

Combiné aux houles de Nord-Ouest, ces facteurs semblent favoriser l'engraissement de la flèche. Les houles de Nord-Ouest semblent apporter du sédiment à la flèche sableuse de la Somone. La saison des pluies, influencée par des houles de Sud-Ouest et des vitesses de vent inférieures à 4 $m.s^{-1}$, est marquée par des phénomènes d'érosion côtière. Toutefois, l'importance des apports sédimentaires en saison sèche a entrainé un bilan sédimentaire annuel, de 2008 à 2009, positif sur toute la flèche sableuse de la Somone. Le flux sédimentaire annuel sur la flèche est estimé à environ 4 660 $m^3.an^{-1}$. L'évolution pluri-annuelle du littoral de la Somone, observée sur une période de 60 ans (1946-2006), se corrèle bien avec l'importance des variations saisonnières observées entre 2008 et 2009. Ces variations se trouvent exacerbées au cours des années marquées par de très fortes agitations et des tempêtes, avec un accroissement du transit et des apports sédimentaires provenant certainement du disponible sédimentaire situé soit au large, soit au niveau de l'avant côte de la Somone. Ces apports se traduisent parfois par une fermeture de la lagune. La Somone, par sa position en zone de transition de la ZCIT, semble être fortement influencée par les variations climatiques. Elle est située également dans un secteur déficitaire en flux sédimentaire. Les prélèvements humains sont du même ordre de grandeur que les variations naturelles observées pendant la période d'étude.

Les fermetures de la flèche ont eu un impact sur l'évolution des faciès internes notamment sur la régression de la mangrove au profit des vasières nues. L'hypersalinisation liée à des phénomènes d'évaporation intense d'un milieu devenu confiné suite aux périodes de fermeture, a fortement altéré l'équilibre écologique de l'écosystème laguno-estuarien de la Somone. La mobilité de cette embouchure microtidale est donc déterminante et son ouverture permanente est fondamentale pour le bon état écologique de l'écosystème de mangrove de la Somone.

Chapitre V. Fonctionnement hydro-sedimentaire et geochimique de l'ecosysteme laguno-estuarien a l'echelle saisonniere

I.	Physico-chimie des eaux de surface	147-154
II.	Couverture sédimentaire de la lagune	155-160
III.	Dynamique sédimentaire haute fréquence de la vasière	160-172
IV.	Caractérisation géochimique des sédiments	174-213
V.	Conclusions	214

Les études sur la dynamique de la mangrove et sur la mobilité de la flèche sableuse à l'embouchure de la Somone depuis 1946 ont montré une période instable, globalement de 1970 à 1990 : forte mobilité de la flèche sableuse, disparition quasi complète de la mangrove. Depuis les années 2000, la mangrove recolonise les vasières nues, naturellement et par reboisement. Les activités humaines ont été réglementées. En l'absence d'événements exceptionnels (tempête, période de forts vents), la période depuis 2000 peut être considérée comme une période calme ou de faible variabilité climatique. L'absence d'apport d'eau douce par écoulement de surface fait que l'espace côtier de la Somone est un système lagunaire.

L'étude du fonctionnement hydro-sédimentaire et géochimique de la lagune de Somone, qui fait l'objet du présent chapitre, s'est faite sur deux principaux compartiments : la colonne d'eau (eaux de surface) et le sédiment (phase particulaire et eau interstitielle). Les mesures ont été faites à haute fréquence et sur deux années complètes (2008-2010).

La structuration du chapitre est basée sur l'échelle d'analyse, à savoir deux échelles spatiales : la lagune et la vasière.

A l'échelle de la lagune, nous avons (i) caractérisé la variabilité spatio-temporelle des paramètres physico-chimiques (température, salinité, pH) des eaux de surface, (ii) analysé la pluviométrie comme facteur de cette variabilité, (iii) caractérisé la couverture sédimentaire, (iv) mesuré les variations topographiques à la surface des vasières intertidales et des zones de mangrove.

A l'échelle de la vasière, une étude pluridisciplinaire a été menée : topographique, sédimentologique, physico-chimique et géochimique. Les mesures concernent le sédiment et les eaux interstitielles.

La circulation des masses d'eau dans la lagune de la Somone est contrôlée essentiellement par la marée. Le débit fluviatile est nul car il n'y a pas d'écoulement de surface, même en saison des pluies (situation observée entre 2008 et 2010). Les apports en eau douce se font alors par les précipitations et la nappe. Les sondages piézométriques effectués en juin 2009 (fin de saison sèche-début saison humide) et en novembre 2009 (fin saison humide) sur les tannes bordant la mangrove, montre clairement une différence de hauteur d'eau de 50 cm environ entre les deux saisons : 60 à 70 cm en saison sèche contre 10 à 20 cm en saison humide par rapport à la surface du sol. Il pourrait exister un écoulement souterrain dont la contribution au fonctionnement hydrologique du système laguno-estuarien serait nettement plus importante en saison des pluies, par recharge de la nappe, qu'en saison sèche.

I Physico-chimie des eaux de surface

Les mesures de température, de salinité et de pH des eaux de surface de l'écosystème laguno-estuarien de la Somone ont été effectuées sur 20 stations réparties le long du chenal principal qui remonte de l'aval vers l'amont de la lagune de Somone. Les stations se situent au milieu du chenal et les mesures sont faites à marée haute afin de remonter au maximum la zone amont du système.

I.1. Evolution saisonnière de la température

La température des eaux de surface de la lagune de la Somone a été mesurée en août 2009 pour la saison humide (Figure 46. A) et en janvier 2010 pour la saison sèche (Figure 46. B). Les eaux sont plus chaudes en saison humide avec un maximum de 31 °C. La température minimale mesurée au mois d'août est de 26 °C (Figure 46. A). Elle ne présente pas de gradient spatial. Les valeurs élevées de température des eaux en saison humide seraient liées aux températures élevées de l'air, avoisinant les 30 °C en moyenne (période 1960 – 2007, station de Mbour).

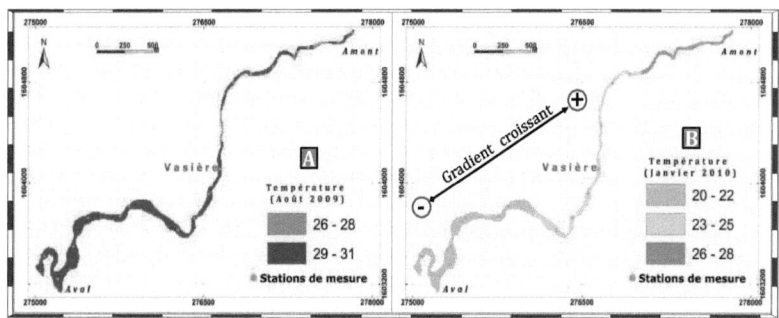

Figure 46 : Variations de la température de l'eau en saison sèche et en saison humide : A. août 2009 (saison humide) et B. janvier 2010 (saison sèche).

La saison sèche présente ainsi un gradient de température croissant d'aval en amont (Figure 46. B). La température des eaux au mois de janvier est comprise entre 20 °C et 28 °C (Figure 46. B). Les eaux à proximité de l'embouchure sont plus froides que celles à l'intérieur des terres. Cette situation serait liée aux remontées d'eaux froides enregistrées pendant les mois de décembre et janvier sur toutes les côtes sénégalaises (Roudaut, 1999). Ces variations temporelles de la température des eaux de la Somone ont été mises en évidence par Pagès et Leung Tack (1984). Ces travaux ont montré qu'en décembre, la température des eaux est comprise entre 18 et 21 °C alors qu'en mai (au cœur de la saison sèche) elle varie de 23 à 30 °C. Les valeurs sont faibles en début de journée (7h-11h) et élevées en fin de journée (15h-18h).

I.2. Evolution saisonnière du gradient de salinité

La salinité de l'écosystème de la Somone a été suivie lors de 5 campagnes de terrain entre janvier 2008 et janvier 2010. Les résultats montrent que pendant sept mois environ, de janvier à juillet, le gradient est inverse, marquée par une augmentation de la salinité d'aval en amont (Figure 47. A&B). Sur cette période, elle varie de 35 $g.l^{-1}$ à l'embouchure à 42 $g.l^{-1}$ à 4 km en amont (Figure 47. A&B). A partir du mois d'août jusqu'au mois de novembre (Figure 47. C&D), le gradient devient « normal » avec une diminution de la salinité vers l'amont.

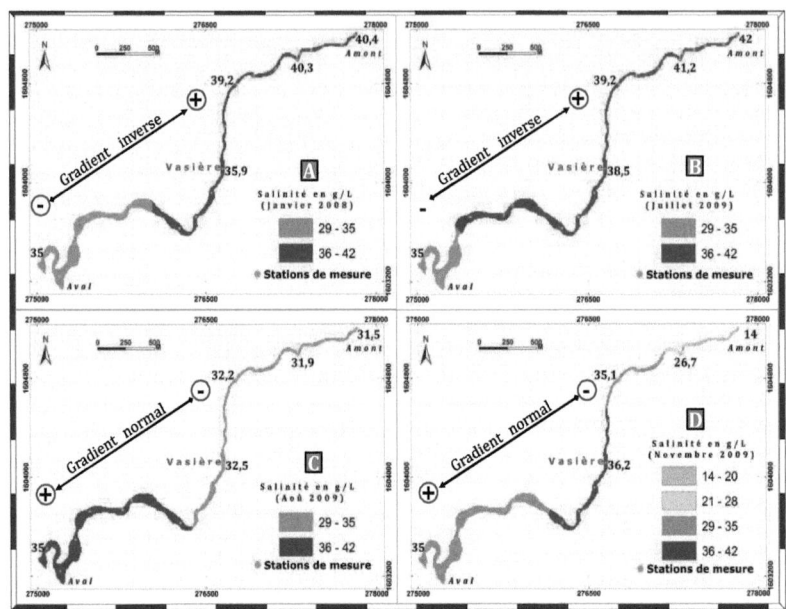

Figure 47 : Evolution saisonnière de la salinité de l'estuaire de la Somone (les mesures sont faites à marée haute) : A. janvier 2008 (saison sèche), B. juillet 2009 (saison humide), C. août 2009 (saison humide) et D. novembre 2009 (fin saison humide).

La salinité varie de 35 g.l^{-1} à l'embouchure à 14 g.l^{-1} à 4 km dans la zone amont (Figure 47. C&D). Ces résultats sont similaires à ceux trouvés par Pagès et Leung Tack (1984). Les auteurs montrent qu'à partir de décembre la salinité augmente vers l'amont et peut atteindre 43 g.l^{-1}. Ainsi, à partir du critère de salinité qui permet de définir un type d'estuaire, nous pouvons dire que la Somone est un estuaire à double fonctionnement. Il est inverse 70 % du temps (de décembre à juillet) et « normal » à 30 % du temps (août à novembre) pour la période d'étude.

Le rôle de la pluviométrie sur le fonctionnement hydrologique des écosystèmes de mangrove de la côte ouest africaine est largement exposé dans de nombreux travaux (Marius et Lucas, 1982 ; Diop, 1990 ; Marius, 1995). L'analyse des cumuls pluviométriques mensuels enregistrés à la station de Mbour en 2007, 2008 et 2009 montre clairement que les maxima de précipitations interviennent en août et septembre, alors qu'en juin, ils restent relativement faibles, inférieurs à 25 mm. En effet, l'évolution temporelle du gradient de salinité semble plus liée à la quantité de pluie enregistrée qu'aux limites temporelles des deux saisons (sèche et humide).

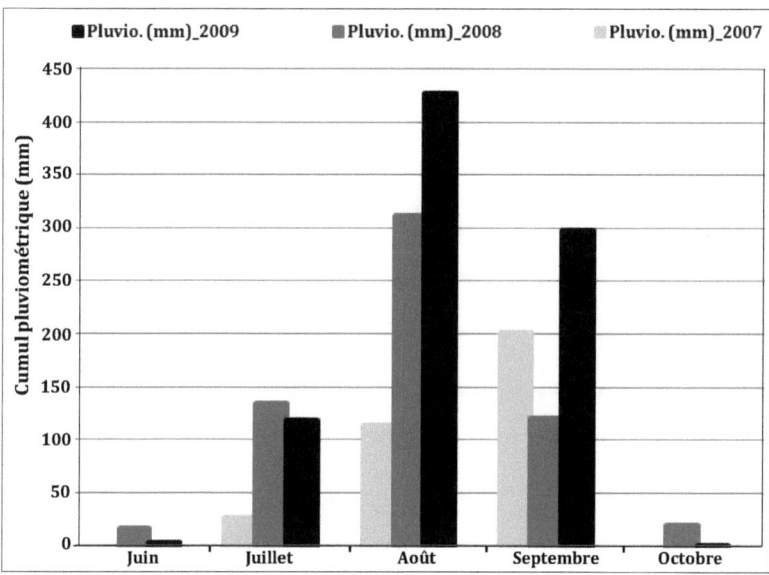

Figure 48 : Cumuls pluviométriques mensuels en 2007, 2008 et 2009 enregistrés à la station de Mbour

Ceci est attesté par le fait qu'après deux mois de précipitations (juin et juillet 2009), le gradient de salinité reste toujours inverse comme en saison sèche. Les faibles quantités de pluie enregistrées (Figure 48) n'ont pas permis d'évacuer ni de diluer les fortes teneurs en sels précipitées par évaporation pendant la saison sèche. Par contre, lors de la période des maxima de précipitation (août et septembre) (Figure 48), les eaux de l'estuaire sont fortement diluées entraînant ainsi un rétablissement du gradient normal de l'estuaire. Cette situation semble se maintenir jusqu'au mois de novembre (Figure 47. D).

A l'échelle annuelle, la relation entre pluviométrie et fonctionnement hydrologique de l'écosystème laguno-estuarien de la Somone n'est pas linéaire.

Le passage d'une situation de gradient inverse à une situation « normale » est donc progressif. Les quantités de pluies tombées semblent être le facteur principal qui contrôle l'évolution saisonnière de la salinité. Toutefois, à l'échelle pluriannuelle, des variations différentes peuvent être observées.

I.3. **Evolution pluriannuelle du gradient de salinité**

La Figure 49 montre l'évolution contrastée du gradient de salinité enregistré à la même saison (saison sèche) mais sur des années différentes (2008 et 2010).

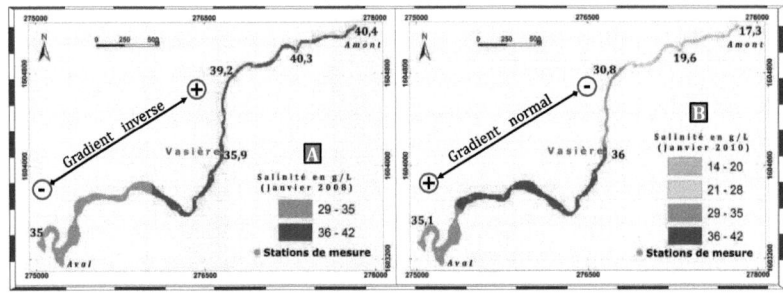

Figure 49 : Gradient de salinité de l'estuaire : A. janvier 2008 et B. janvier 2010

Les résultats obtenus en janvier 2008 montrent un gradient inverse de la salinité (Figure 49. A) alors qu'en janvier 2010 elle présente un gradient « normal » (Figure 49. B), c'est-à-dire que la salinité diminue au fur et à mesure que l'on s'éloigne de l'embouchure. La salinité de l'estuaire en fin de saison humide (novembre, décembre, janvier) est fortement influencée par l'importance des précipitations de la saison elle-même.

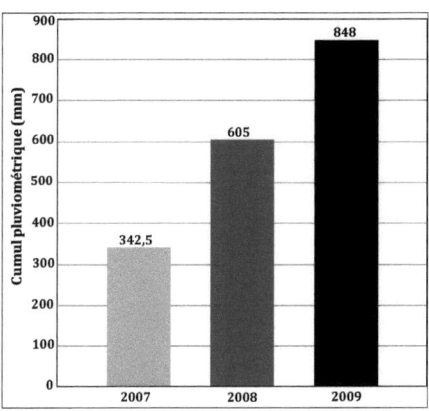

Figure 50 : Cumuls pluviométriques annuels en 2007, 2008 et 2009 (Station de Mbour)

Les cumuls pluviométriques montrent que les quantités de pluies enregistrées lors de la saison humide de 2009 sont deux fois plus importantes que celle de 2007 (Figure 50). La saison humide de 2009 a été très pluvieuse avec 848 mm d'eau de cumul annuel. Une telle quantité de précipitation n'a pas été observée depuis 1969 (période 1960 – 2009, station de Mbour). La diminution des concentrations en sels dans la zone amont de l'estuaire en janvier 2010 pourrait être due à l'importance de ces précipitations. Le faible total annuel enregistré en 2007 (342,5 mm) semble être insuffisant pour évacuer l'excès de sel produit en saison sèche et/ou diluer les eaux de la rivière. Cette différence peut expliquer que le gradient de salinité soit opposé entre les deux mois de janvier (Figure 50). Sur la Somone, aucun apport d'eau douce par la rivière n'a été mesuré entre 2007 et 2010. Les apports en eau douce se font par les pluies mais aussi par la nappe qui, selon Thibodeau et al., (1998) régule et contrôle la distribution spatiale de la salinité des eaux dans les écosystèmes de mangrove. Sur la Somone, nous avons remarqué, pendant les mois d'août et de septembre (saison des pluies de 2008 et de 2009), une inondation plus ou moins permanente des zones de tannes qui entourent la mangrove. Il a également été observé, aux heures de marée basse, une petite tranche d'eau au dessus de la vasière. Cette situation est due aux apports directs par la pluie mais semble aussi être liée à des phénomènes de remontée de la nappe qui est affleurante à sub-affleurante dans cette zone de cuvette. Il existerait alors, en l'absence d'un écoulement de surface pendant la saison des pluies à cause du barrage de Bandia, un écoulement souterrain, qui apporterait de l'eau douce et contribuerait ainsi à la réduction de la salinité des eaux et au rétablissement du gradient « normal » de l'estuaire. Ainsi, à l'issue de ces travaux, deux conclusions peuvent être retenues :

1. A l'échelle annuelle, le gradient de salinité est fonction de la quantité de pluies enrégistrée pendant la saison himude ;

2. A l'échelle pluriannuelle, la durée de la période d'inversion du gradient de salinité est liée à la quantité annuelle de pluies enregistrées au cours de la saison humide précédente. Autrement dit, le temps pendant lequelle l'écosystème laguno-estuarien de la Somone connaît un fonctionnement inverse est d'autant plus court que les quantités d'eau précipitées au cours de la saison humide sont importantes.

Bertrand (1999) a proposé un schéma de la typologie des estuaires des Rivières du Sud (domaine géographique qui s'étend du Saloum (Sénégal) à la Méllacorée (République de Guinée)) à partir du critère de salinité.

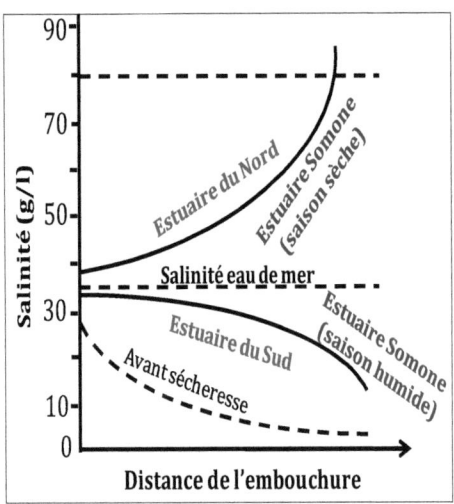

Figure 51. Classification de l'estuaire de la Somone par rapport aux estuaires du domaine des Rivières du Sud (Bertrand, 1999, adapté)

Ainsi, au regard de ce schéma (Figure 51), nos résultats montrent que la Somone est un système laguno-estuarien mixte. Son fonctionnement est essentiellement contrôlé par la saison comme pour les estuaires du Saloum et de la Casamance (Marius et Lucas, 1982 ; Diop, 1990 ; Pagès et Citeau, 1990).

I.4. Evolution saisonnière du pH

Le pH des eaux, mesuré in situ au niveau du chenal principal de marée qui remonte la rivière de la Somone, varie de 7,7 à 8,4 (Figure 52). Les eaux sont donc basiques. Les variations spatiales sont faibles, de l'ordre de 0,3 unité pH sur 4 km : 7,7 à l'embouchure contre 8 à 4 km en amont pendant la saison humide (Figure 52. A) et 7,8 à l'embouchure, contre 8 à 4 km en amont lors de la saison sèche (Figure 52. B). Le pH mesuré en début de janvier 2010 est plus basique (Figure 52. B).

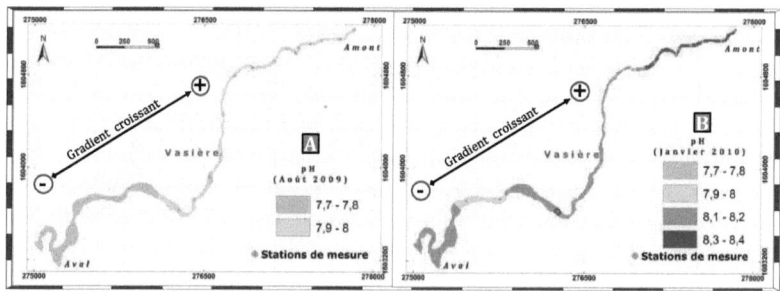

Figure 52 : Variations du pH suivant un gradient aval – amont : A. Août 2009 et B. Janvier 2010

Cette évolution vers des valeurs de pH un peu plus élevées serait liée à un apport d'eau douce vu l'importance des précipitations (848 mm) enregistrée pendant la saison humide de 2009. Toutefois, son évolution saisonnière reste insignifiante et les variations très faibles. En effet, ces valeurs de pH sont semblables à celles mesurées en mai 1984 par Pagès et Leung Tack (1984) sur l'estuaire de la Somone : de 7,6 à proximité de l'embouchure à 7,8 à 1 km et à 7,9 à environ 1,5 km dans la zone amont.

II Couverture sédimentaire de l'écosystème laguno-estuarien

II.1. Caractérisation de la distribution sédimentaire

II.1.1. Le gradient sédimentaire

La médiane est un paramètre descriptif du sédiment. Sa représentation cartographique permet de faire une analyse spatiale des gradients sédimentaires. Dans l'estuaire de la Somone, la représentation de la médiane indique un granoclassement décroissant de l'embouchure vers la lagune et vers l'estuaire suivant l'axe des chenaux (Figure 53).

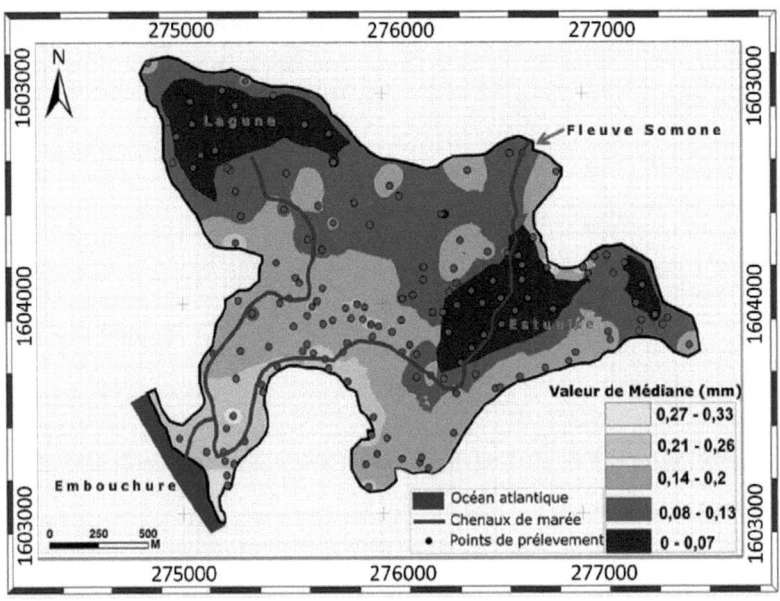

Figure 53 : Carte de la médiane des sédiments de l'écosystème de la Somone (saison sèche 2008)

Les valeurs de médiane des sédiments à l'embouchure sont comprises entre 0,2 et 0,3 mm alors que dans la lagune et dans l'estuaire, elles sont de l'ordre de 0,07 mm (Figure 53). L'analyse des fractions granulométriques d'échantillons pris sur ces trois sites (embouchure, lagune, estuaire) met en évidence le granoclassement décroissant observé à partir de la carte des médianes. Afin d'estimer la variabilité spatiale qui pourrait être liée à l'échantillonnage, nous avons choisi, pour chaque site, trois échantillons répartis dans un rayon de 50 m environ. Les échantillons correspondant à ces sites sont :

Embouchure : N°5, N°6 et N°7

Lagune : N°24, N°25 et N°27

Estuaire : N°115, N°117 et N°118

Les pourcentages cumulés des fractions granulométriques de chaque échantillon sédimentaire sont représentés sur la figure ci-dessous.

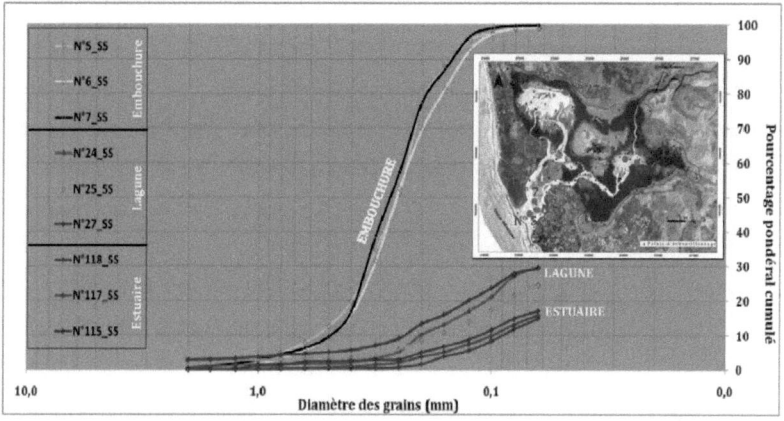

Figure 54 : Courbes granulométriques des échantillons de sédiment sur les 3 sites ateliers (saison sèche 2008)

L'allure des courbes granulométriques est différente entre celles de l'embouchure et des parties internes (lagune et estuaire). Les sédiments de l'embouchure sont essentiellement constitués de sables avec un mode dans les sables moyens (0,5 mm ≤d< 0,25 mm). Les sédiments de la lagune et de l'estuaire sont constitués à plus de 70 % de silts et d'argiles (Figure 54). Les trois échantillons de chaque site atelier (embouchure, lagune, estuaire) présentent la même distribution granulométrique (Figure 54).

L'analyse granulométrique montre donc deux zones sédimentaires différentes :

✓ La zone d'embouchure est constituée essentiellement de sédiments sableux.

✓ La lagune et l'estuaire présentent des sédiments essentiellement silto-argileux.

II.1.2. *Les fractions granulométriques*

La répartition spatiale des sédiments dans l'estuaire dépend principalement des conditions hydrodynamiques. Ce critère nous permet d'identifier trois principales zones : une zone d'embouchure, hydrodynamiquement active, une zone lagunaire et une zone estuarienne dans l'axe du chenal de la Somone aux conditions relativement calmes.

La Figure 55 présente la répartition spatiale des fractions granulométriques de l'écosystème laguno-estuarien de la Somone. Les sédiments grossiers, granules (> 2 mm), les sables très grossiers (2 mm à 1 mm) et les sables grossiers (1 mm à 0,5 mm) ne sont présents que dans la zone d'embouchure (Figure 55. A). On les retrouve également au sud-est de l'estuaire sous forme d'une bande au contact de la terre ferme. Ces sédiments sont les produits de l'altération des grès ferrugineux qui affleurent dans cette partie de l'estuaire. Ces fractions représentent moins de 10 % du sédiment dans la zone lagunaire et estuarienne (Figure 55. A). Les sables moyens (0,5 mm ≤d< 0,25 mm) sont dominants à l'embouchure à plus de 40 %. Ils diminuent progressivement quand on s'éloigne de l'embouchure, avec moins de 30 % dans la zone centrale et moins de 10 % dans la lagune et dans l'estuaire (Figure 55. B). Les sédiments de la zone centre sont constitués de plus de 50 % de sables fins (0,25 mm ≤d< 0,125 mm) (Figure 55. C). Cette fraction représente moins de 30 % dans la lagune. Sur la vasière de l'estuaire, les sables fins sont < 10 % (Figure 55. C). Les sables très fins (0,125 mm ≤d< 0,063 mm) sont dominants à l'entrée de la lagune à plus de 50 % (Figure 55. D). La Figure 55.E montre les deux zones de vasière de l'écosystème où la fraction silto-argileuse (d ≤ 0,063 mm) peut représenter jusqu'à 85 % des sédiments (Figure 55. E).

Ainsi, cette distribution spatiale des sédiments dans l'écosystème nous a permis de distinguer deux zones caractéristiques du système laguno-estuarien de la Somone :

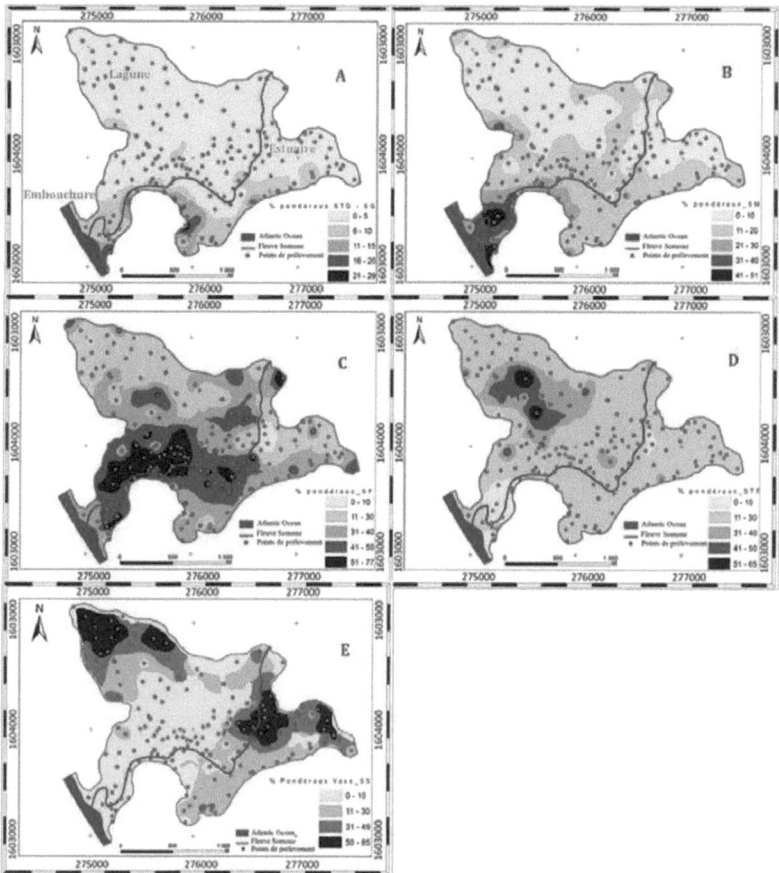

Figure 55 : Cartes sédimentaires de l'écosystème de la Somone (Saison sèche 2008) : A. sable très grossier (STG) et sable grossier (SG), B. sable moyen (SM), C. sable fin (SF), D. sable très fin (STF), E. silto-argileux.

✓ La zone ouverte, hydrodynamiquement active située à l'embouchure. Les sédiments y sont essentiellement sableux avec un mode dans les sables moyens (0,4 – 0,25 mm).

✓ La zone abritée, la lagune et l'estuaire, est caractérisée par des conditions hydrodynamiques calmes. Les sédiments sont essentiellement vaseux (< 0,063 mm) à plus de 50 %.

Globalement, ces cartes sédimentaires décrivent un affinement des sédiments depuis l'embouchure jusqu'à la lagune et l'estuaire.

Ces résultats sont similaires à ceux obtenus par Benga (1984). Ces travaux montrent que le cordon sableux est dominé par les sables moyens, la tanne par les sables fins et moyens et les vasières par les sables très fins et les silts et argiles.

II.2. Evolution saisonnière

L'étude de l'évolution saisonnière du gradient sédimentaire est faite par comparaison de granulométries complètes de six échantillons prélevés sur les mêmes points des trois zones mais à deux saisons différentes : fin saison sèche (mai 2008) et fin saison humide (Novembre 2009) (Figure 56).

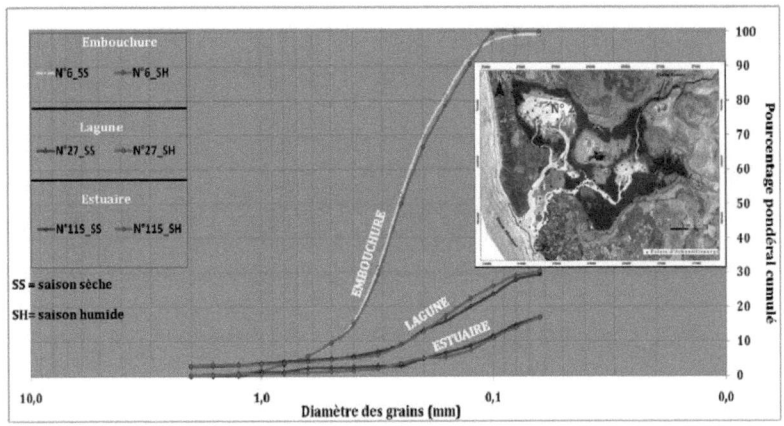

Figure 56 : Evolution saisonnière de la granulométrie des sédiments de l'écosystème de la Somone

Les courbes granulométriques de chaque site (embouchure, lagune, estuaire) se superposent (Figure 56). Ainsi, à l'échelle annuelle, le gradient sédimentaire est stable.

Les zones de vasières sont des indicateurs intéressants pour comprendre la dynamique sédimentaire d'un écosystème de mangrove et discriminer des évolutions temporelles (saisonnières, annuelles à décennales). C'est dans cette optique que nous avons réalisé, à des saisons différentes et contrastées, deux cartes comparatives des fractions vaseuses, < 63 µm (Figure 57).

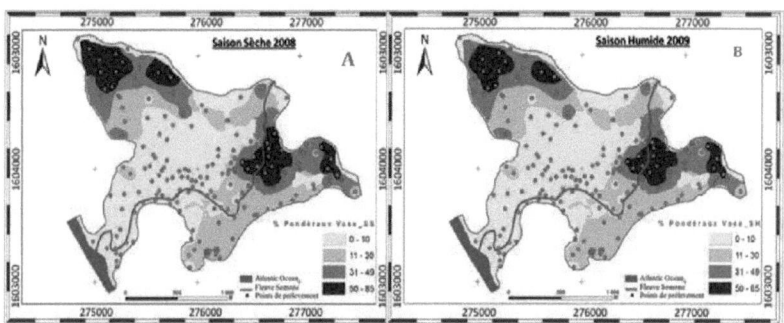

Figure 57 : Répartition spatiale de la fraction silto-argileuse dans l'écosystème : (A) saison sèche 2008, (B) saison humide 2009

L'analyse diachronique semble montrer une stabilité saisonnière des vasières. Ainsi, à l'échelle d'une année, les zones de vasière semblent identiques et ne présentent pas de variations spatiales. Cette stabilité saisonnière des vasières atteste de l'absence d'apports conséquents de matériels silto-argileux, même en saison humide, du domaine continental au domaine marin. La sédimentation fine s'effectuerait alors globalement au grè de la marée par apports et/ou par remaniements internes.

III Dynamique sédimentaire haute fréquence de la vasière

III.1. Evolution topographique annuelle des zones de vasière

La Figure 58.B montre l'évolution topographique de la surface des vasières de l'écosystème de la Somone. Les trois stations de la vasière de l'estuaire (V1, V2, V3) sont disposées sur une radiale perpendiculaire au chenal, en position topographique différentes. Les stations L1, L2, L3 se situent dans la partie lagunaire du sytème (Figure 58.A). Le suivi est fait à basse fréquence, un relevé par mois et pendant 2 ans. Les courbes en noir, bleu, et orange représentent les stations de la vasière de l'estuaire (Figure 58.B). Les autres couleurs représentent les stations situées dans la zone lagunaire (Figure 58.B).

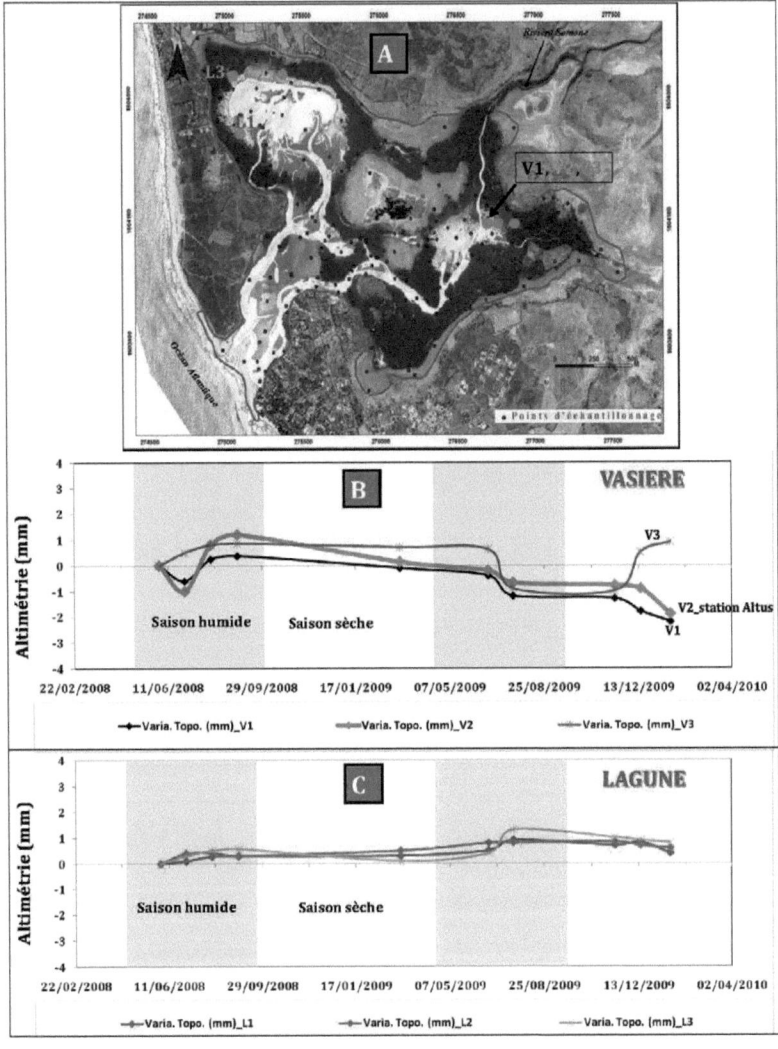

Figure 58 : Evolution temporelle de la topographie des vasières de la Somone (V = vasière / L = lagune, 1, 2, 3 = N° de la station, V1, V2, V3, L1, L2, L3 = nom des stations. B. Sur la vasière : V1 = station près du chenal, V2 = station près de l'altimètre ALTUS et V3 = station dans la mangrove, A. dans la lagune.

Les résultats montrent que (Figure 58. B) :

✓ la vasière de l'estuaire est caractérisée par des variations annuelles faibles avec une amplitude maximale de 2,5 mm. Toutes les stations présentent globalement les mêmes évolutions sédimentaires (Figure 58. B). La séquence d'érosion observée (Figure 58. B) sur la station V1, de septembre 2009 à janvier 2010, peut être due à sa proximité du chenal et/ou à un transport sédimentaire vers la mangrove qui, pendant ce temps, enregistre un dépôt.

✓ La lagune est caractérisée par des amplitudes de variation de l'ordre du mm. On observe une légère sédimentation en saison humide, 0,5 mm en moyenne et une légère érosion en saison sèche (Figure 58. C). Toutes les trois stations présentent les mêmes variations temporelles. Toutefois, la lagune est plus stable que la vasière.

Les processus d'érosion et de dépôt à la surface des vasières intertidales de la Somone semblent très faibles. Les variations temporelles sont plus importantes sur la vasière. Elle apparaît donc plus dynamique que la lagune.

III.2. Evolution topographique haute fréquence de la vasière

Afin d'étudier finement les processus hydrosédimentaires, les variations topographiques ainsi que la hauteur d'eau à la surface de la vasière ont été suivies du 24 janvier 2008 au 29 mars 2010. La hauteur d'eau est représentée en bleu, les variations topographiques issues des enregistrements haute fréquence de l'Altus en marron et les points noirs représentent la topographie à basse fréquence obtenue par la technique des piquets (Figure 58. station V2). L'absence de données entre janvier et mai 2008 est liée à un problème technique, l'altimètre a été endommagé.

Les variations de hauteurs d'eau enregistrées représentent les cycles vives-eaux / mortes-eaux. Les périodes de mars à juin 2009 apparaissent avec des hauteurs d'eau plus faibles que celles observées de juillet à octobre 2009, période marquée par des amplitudes de marée plus fortes (Figure 59). Ceci est confirmé par les amplitudes prévisionnelles du SHOM à Dakar.

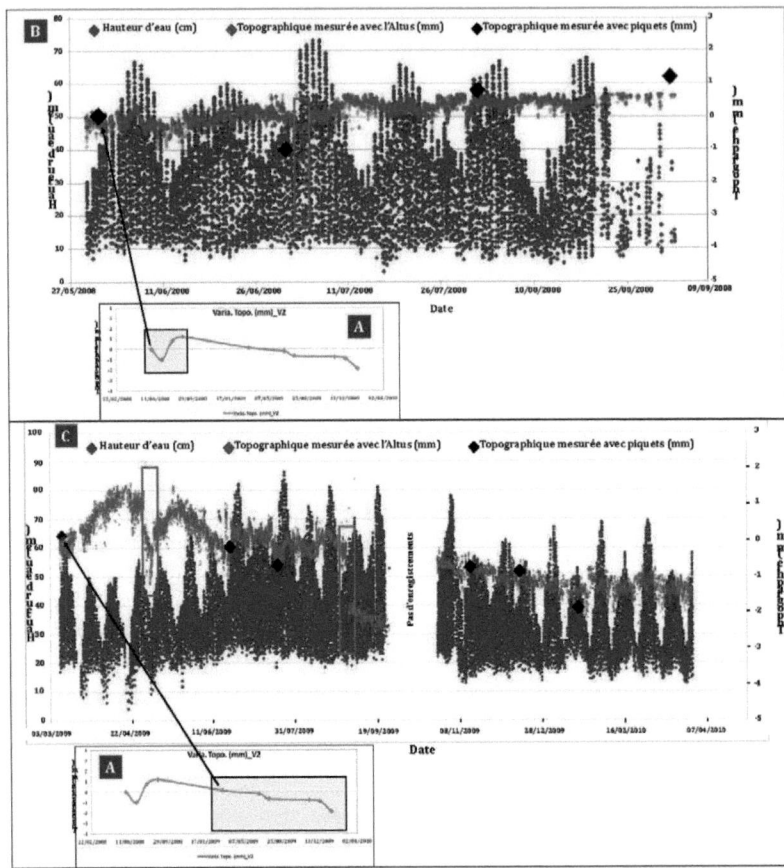

Figure 59 : Variations topographiques à haute fréquence (B&C) à la surface de la vasière (enregistrées par l'altimètre) couplées avec les variations obtenues par la technique des piquets (A) (dispositif implanté à proximité de l'altimètre). Les variations topographiques hautes fréquences sont positionnées par rapport aux variations basses fréquences sur la station N°2 présentées sur la figure 37).

Nous remarquons que sur les deux années de mesure, les variations topographiques enregistrées par l'altimètre et par la technique des piquets sont similaires (Figure 59. B).

Pour l'année 2008 (Figure 59. B), les résultats montrent une vasière en accrétion constante d'environ 1,5 mm d'amplitude malgré le pic d'érosion brusque d'environ 2 mm observé au début du mois de juillet 2008. Les hauteurs d'eau supérieures à 60 cm sont enregistrées pendant la saison humide alors qu'en saison sèche elles sont inférieures ou égales à 50 cm (Figure 59. B). La hauteur d'eau maximale au-dessus de la vasière est enregistrée au mois de juillet avec 75 cm.

L'évolution topographique au cours de l'année 2009 jusqu'en mars 2010 (Figure 59. C) montre des variations temporelles plus importantes avec des amplitudes de 4 mm environ. Les plus faibles hauteurs d'eau ont été enregistrées en mars-avril 2009 (saison sèche), inférieures ou égale à 50 cm et les hauteurs d'eau maximales, entre juillet et octobre 2009 (saison humide), supérieures à 60 cm (Figure 59. C). A ces évolutions saisonnières de hauteurs d'eau correspondent des variations topographiques différentes. L'accrétion constante de 2,3 mm est mesurée lorsque la hauteur d'eau est inférieure à 50 cm (Figure 59. C). Les processus d'érosion présentent deux cas de figure : une érosion progressive et une érosion brusque. L'érosion progressive est enregistrée dès que la hauteur d'eau au dessus de la vasière devient importante et supérieure à 50 cm. L'érosion brusque semble se manifester pendant les périodes de mortes-eaux (Figure 59. C).

Ainsi, l'importance du volume d'eau oscillant dans l'estuaire à chaque marée, joue un rôle essentiel dans l'évolution topographique de la vasière. Selon Anthony (2004) la durée d'inondation joue un rôle important sur les processus de sédimentation. Les variations topographiques à la surface de la vasière s'effectuent sur des sédiments frais (vase fluide) soit par tassement (lors des faibles hauteurs d'eau), soit par remise en suspension, soit par ressuyage (lors de la marée descendante). Toutefois, d'autres facteurs comme le vent peuvent avoir un impact sur les processus d'érosion à la surface des vasières intertidales (Sakho, 2006 ; Verney, et al., 2007).

III.3. Impact du vent sur les processus d'érosion

Faute de disposer de données tri horaires des vitesses de vent à la station de Mbour pour l'année 2009, nous ne présenterons ici que les résultats obtenus sur l'année 2008 en relation avec les variations topographiques à la surface de la vasière (Figure 60).

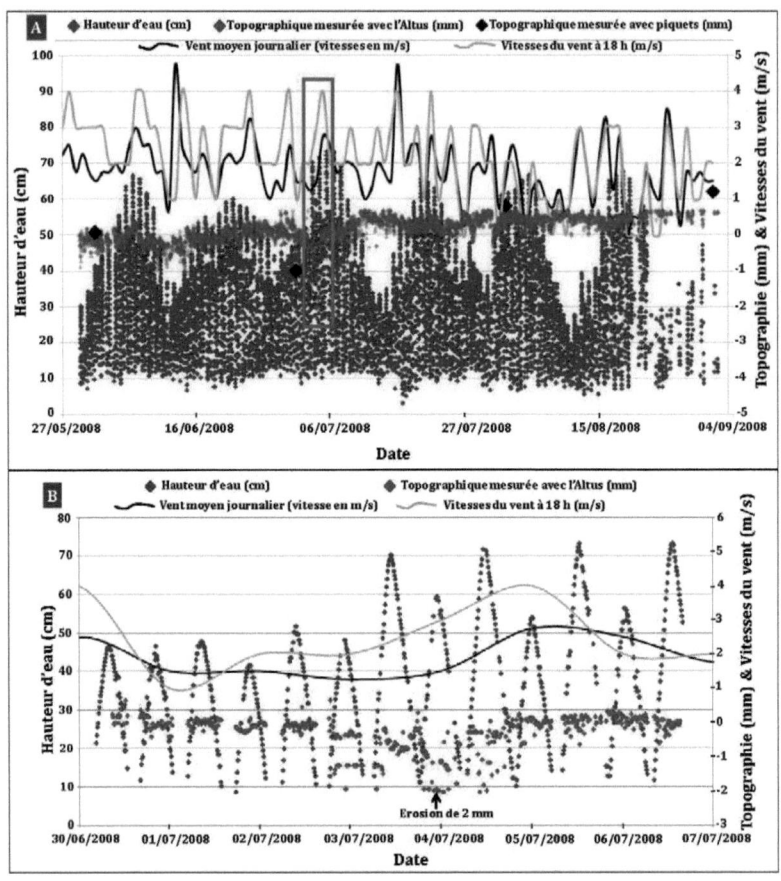

Figure 60: Variations topographiques en relation avec l'évolution des vitesses de vent. A. à l'échelle du cycle vives-eau/mortes-eau, B. à l'échelle du cycle pleine mer/basse mer

Les vitesses de vent (sans tenir compte de la direction) à 9h, à 12h, à 15h et à 18h ainsi que le vent moyen, montrent des évolutions identiques. Le pic d'érosion de 2 mm a été enregistré à 18h et lors de la pleine mer du 04/07/2008. C'est pourquoi, nous avons choisi de représenter ici que le vent moyen ainsi que les vitesses du vent à 18h (Figure 60. A). Les vitesses de vent sont comprises entre 0 et 4,7 m.s^{-1} et la vitesse moyenne au cours de l'année 2008 est de 2 m.s^{-1}. Les résultats montrent que lorsque les vitesses du vent moyen sont supérieures à 3 m.s^{-1}, la vasière est en érosion (Figure 60. A). Le pic d'érosion de 2 mm, observé lors de la marée du 04/07/2008, peut être dû à l'augmentation des vitesses du vent observée à 18h (Figure 60. B). Toutefois, cette érosion peut être uniquement de la remise en suspension du sédiment suivie d'un dépôt et une stabilité au cours des deux marées suivantes (Figure 60. B).

III.4. Synthèse

Les variations annuelles observées à haute fréquence pendant deux ans sur la vasière intertidale de la Somone sont du même ordre de grandeur que celles mesurées à l'échelle pluridécennale (1946-2006), soit 2 mm par an. Les processus hydrosédimentaires sont faibles. Les apports sédimentaires seraient essentiellement d'origine marine du fait d'un écoulement fluviatile inexistant. Cette conclusion est confirmée par les différences granulométriques entre les sédiments du lit de la rivière, sableux à plus de 93 %, contre 5 % de silts et 2 % d'argiles et les sédiments de la vasière, silto-argileux à plus de 70 %. Le barrage de Bandia a un impact sur l'arrêt de l'écoulement de surface de la rivière de la Somone. L'impact des barrages sur les processus de sédimentation fine a été observé par ailleurs notamment, sur de plus grands systèmes fluviaux comme le Sénégal (Kane, 1997). Les processus d'érosion progressive semblent être contrôlés par la marée et les processus d'érosion brusque par le vent. L'influence de ces deux paramètres sur la dynamique des sédiments à la surface des vasières intertidales dans des systèmes micro et macrotidaux a été mise en évidence dans de nombreux travaux (Lesueur, 1980 ; Deloffre, 2005 ; Sakho, 2006 ; Verney *et al*, 2007, Deloffre *et al.*, 2007). Il faut également souligner le rôle de la nature du substrat sur ces processus d'érosion (Anthony, 2009). Les systèmes estuariens, marqués par l'insuffisance de la charge sédimentaire des cours d'eau et de leur capacité de dépôt, due à la diminution des débits fluviaux et des processus d'altération, sont caractérisés par des processus de remaniements hydrosédimentaires (Diop, 1990). Dans l'écosystème laguno-estuarien de la Somone, le remaniement interne, par l'agitation due au vent et à la marée, semble être le processus hydro-sédimentaire dominant.

IV Caractérisation géochimique des sédiments

Cette partie se présente comme un diagnostic de la qualité physico-chimique et géochimique des sédiments de la Somone, appliqué sur une radiale constituée de quatre faciès différents : la vasière, la mangrove à *Rhizophora*, la mangrove à *Avicennia* et le tanne (Figure 11). Nous caractériserons dans un premier temps, les variations saisonnières de la physico-chimie du sédiment et des eaux interstitielles, et dans un second temps, présenterons sous forme d'article scientifique les résultats de la caractérisation physico-chimique et géochimique des unités morphologiques de la radiale.

IV.1. Analyse physico-chimique des eaux interstitielles de la vasière

L'étude de la qualité des eaux interstitielles et des sédiments de la vasière de l'estuaire de la Somone est réalisée en saison sèche et en saison humide avec un échantillonnage fin en fonction de la profondeur du sédiment. Les indicateurs physiques analysés sont le potentiel d'hydrogène (pH), le potentiel d'oxydo-réduction (Eh) et la température. Les analyses chimiques concernent les cations et anions majeurs. Le carbone organique dissous (COD) est également mesuré.

IV.1.1. *Caractéristiques physiques (température, pH, Eh)*

La figure ci-dessous présente les variations saisonnières de la température, du pH (potentiel d'hydrogène) et de l'Eh (potentiel d'oxydo-réduction) en fonction de la profondeur du sédiment sur la vasière intertidale de la Somone. Nous avons obtenu quatre profils de température (août 2008, août 2009, décembre 2009 et février 2010), cinq profils de pH (août 2008, juillet 2009, août 2009, décembre 2009 et février 2010) et trois profils d'Eh (juillet 2009, août 2009 et février 2010). Les variations de température (Figure 61. A) montrent une grande différence (4°C environ) entre la saison sèche (décembre, février) et la saison humide (août).

La saison humide présente des profils dont les températures sont comprises entre 28 et 29 °C (Figure 61. A). Par contre, en saison sèche ces valeurs sont comprises entre 23 et 24°C. Toutefois, il n'y a pas de variations en fonction de la profondeur du sédiment (Figure 61. A).

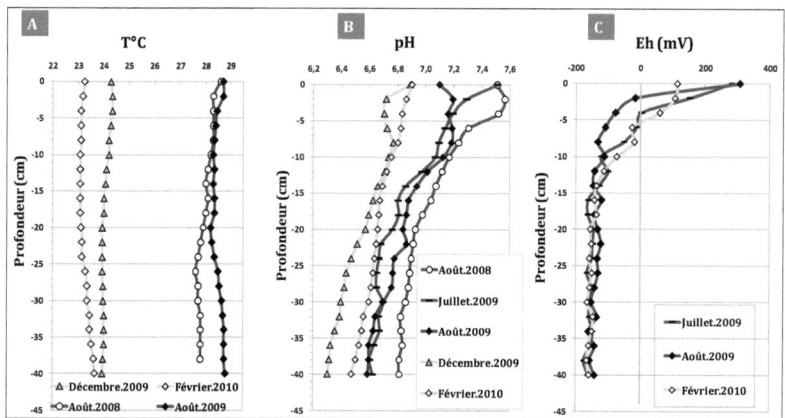

Figure 61 : Variations de la température (A), du pH (B) et de l'Eh (C) en fonction de la profondeur du sédiment sur la vasière de la Somone en saison sèche (en jaune) et en saison humide (en vert)

Le pH des eaux interstitielles de la vasière montre une acidification progressive en fonction de la profondeur et de la saison (Figure 61. B). Les variations sont relativement fortes entre 0 et -12 cm et plus faibles à partir de -12 jusqu'à -40 cm de profondeur dans le sédiment.

Saison humide : août et juillet

En surface et subsurface (0 et -12 cm) le pH est compris entre 7 et 7,5. Il est neutre à tendance basique (Figure 61. B). A partir de -12 cm jusqu'à -40 cm de profondeur, le pH varie respectivement entre 7 et 6,8 (Figure 61. B). La variation est très faible, inférieure à 0,5 unité pH.

Saison sèche : décembre et février

Le pH en saison sèche est acide sur toute la colonne sédimentaire (0 -40 cm) (Figure 61. B). Il varie de 6,8 en surface et subsurface (0 et -12 cm) à 6,3 à -40 cm de profondeur. Nous remarquons une évolution saisonnière du pH qui définit un milieu (la vasière) acide en saison sèche et moins acide voire neutre en saison humide.

Le potentiel d'oxydoréduction (Eh) montre une vasière réduite dès les premiers cm du sédiment (Figure 61. B). Les variations sont relativement fortes entre 0 et -12 cm et deviennent stables à partir de -12 cm jusqu'à -40 cm de profondeur (Figure 61. B). Les valeurs d'Eh varient de +350 mV à l'interface (0-1 cm) à -300 mV à -12 cm avant de se stabiliser autour de -120 mV de -15 cm jusqu'à -40 cm de profondeur (Figure 61. B). Toutefois, la différence entre saison sèche et saison humide n'est visible que dans les 15 premiers cm du sédiment où les varitions sont significatives. A partir de -15 cm jusqu'à -40 cm de profondeur, les profils de saison sèche et de saison humide sont confondus (Figure 61).

Ainsi, la vasière de l'estuaire de la Somone est un milieu réduit où les processus biogéochimiques semblent se dérouler en conditions anaérobies. En effet, nous remarquons une bonne corrélation entre le pH et l'Eh. Les valeurs positives (0 à +307 mV) correspondent, en saison humide (août 2009) à des pH moins acides voire neutres (7,3) alors que les valeurs de redox les plus négatives (-174 mV) correspondent aux pH les plus bas (6,5) (Figure 61). Par conséquent, la vasière se présente comme un milieu réduit à caractère acide. Les relations entre les variations saisonnières de la température et de celles du pH et/ou de l'Eh ne sont pas nettes (Figure 61).

IV.1.2. *Caractérisation chimique*

La chimie des eaux interstitielles de la vasière de l'estuaire de la Somone est présentée sur la figure ci-dessous. Elle est déterminée par une analyse des variations du sodium (Na^+), du potassium (K^+), du magnésium (Mg^{2+}), du calcium (Ca^{2+}), des chlorures (Cl^-), des sulfates (SO_4^{2-}) et du carbone organique dissous (COD) en fonction de la profondeur du sédiment.

Les valeurs de Na^+ (Figure 62. A) sont quasi égales sur la profondeur. Quelques variations à -10 et -15 cm où les [Na^+] augmentent légèrement, et à -20 cm où elles diminuent légèrement, sont observées (Figure 62. A). Mais, en moyenne, les [Na^+] sont stables, sans variations avec la profondeur du sédiment.

Les valeurs du potassium (Figure 62. B) sont en moyenne de 500 mg.L^{-1}. On remarque également une absence de variation en fonction de la profondeur.

Le magnésium (Figure 62. C) et le calcium (Figure 62. D) montrent des évolutions identiques en fonction de la profondeur du sédiment (Figure 62.

C&D). Les valeurs varient de 1 300 mg.L^{-1} en surface à 1 650 mg.L^{-1} à -40 cm de profondeur pour le magnésium (Figure 62. C). Les valeurs du calcium tournent autour de 480 mg.L^{-1} entre 0 et -10 cm et augmente avec la profondeur jusqu'à atteindre 575 mg.L^{-1} à -25 cm de profondeur (Figure 62. D). Entre -25 et -40 cm, le calcium semble se stabiliser autour de 575 mg.L^{-1} (Figure 62. D).

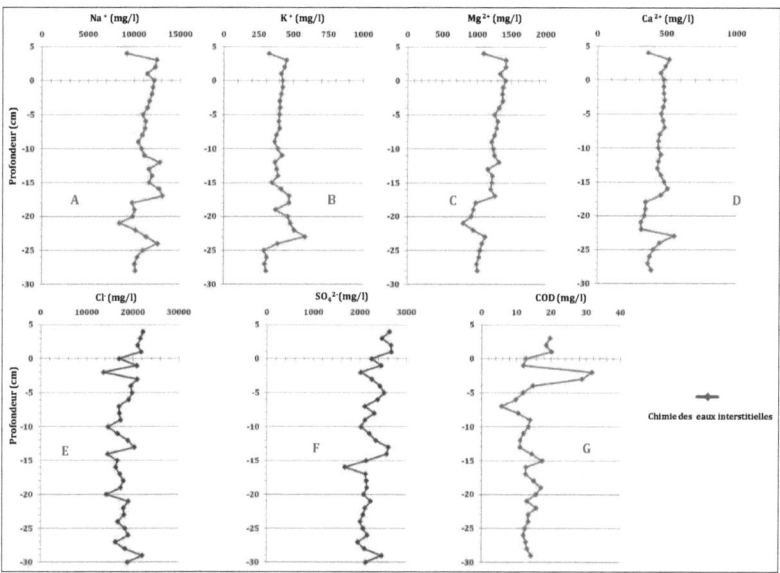

Figure 62 : faciès ionique et teneur en carbone organique dissous des eaux intertstielles obtenues par la technique des dialyseurs avec l'équilibration à 11 jours.

Les chlorures et les sulfates montrent une évolution identique avec la profondeur du sédiment. Les [Cl$^-$] sont plus importantes avec plus de 10 000 mg.L^{-1} entre 0 et -10 cm. Le maximum de concentration est d'environ 25 000 mg.L^{-1}. Elle est mesurée à –17 cm et à -36 cm de profondeur (Figure 62. E). Les [SO$_4^{2-}$] varient de 1 900 mg.L^{-1} en surface à plus de 3 300 mg.L^{-1} à -40 cm de profondeur (Figure 62. F). Il est intéressant également de remarquer que les pics de Cl$^-$ (Figure 62. E) et de SO$_4^{2-}$ (Figure 62. F), par augmentation ou par diminution de leur concentration, évoluent de la même manière aux mêmes niveaux de profondeur. Ainsi donc, les variations de l'un semblent entraîner celles de l'autre. Toutefois, cela semble cohérent car, la Somone est dominée par les influences marines donc un milieu riche et saturé en chlorure et en sulfate.

L'évolution du carbone organique dissous (COD) en fonction de la profondeur montre trois niveaux relativement différents (Figure 62. G). Les valeurs sont comprises entre 7 et 32 $mg.L^{-1}$ dans la colonne d'eau. Elles semblent se stabiliser autour de 12 $mg.L^{-1}$ entre 0 et -10 cm dans le sédiment. Le pic d'augmentation du COD de 32 $mg.L^{-1}$ observé à -2 cm de profondeur peut s'expliquer par la minéralisation de la matière organique particulaire dans les couches superficielles du sédiment. Ce processus de minéralisation a été observé sur des vasières intertidales en milieu tempéré où le bloom phytoplanctonique, matière organique facilement dégradable, entraîne une augmentation des teneurs en COD (Bally 2003). A partir de -10 cm jusqu'à -40 cm de profondeur les variations deviennent importantes (Figure 62. G). Toutefois, en observant toute la colonne sédimentaire, nous pouvons en déduire que les variations du COD en fonction de la profondeur sont faibles, environ 10 $mg.L^{-1}$. Ces concentrations sont similaires à celles obtenues par Bally (2003) sur des vasières intertidales en milieu tempéré.

Les résultats montrent que les concentrations de chaque élément dans les eaux interstitielles et dans la colonne d'eau sont du même ordre de grandeur que celles dans l'eau de mer (Sverdrup et al., 1942). Toutefois, tous les ions semblent présenter des concentrations moyennes (eaux interstitielles et colonne d'eau) plus fortes à l'exception du Mg^{2+} et des SO_4^{2-}, qui montrent des concentrations légèrement plus faibles. Ces concentrations sont identiques, comparées à d'autres écosystèmes de mangrove du Sénégal (Diop et al., 1997). Elles sont plus fortes comparées aux concentrations mesurées dans les eaux des mangroves en Inde (Rajan et al., 2008) ou au Mexique (Giani et al., 1996). Toutefois, même si les concentrations en ions majeurs des écosystèmes de mangrove reflètent celles de l'eau de mer, les différences géographiques seraient essentiellement liées aux facteurs environnementaux comme les précipitations, la température, l'évaporation, les phénomènes de dilution et le confinement, spécifiques au domaine étudié.

L'article présenté dans cette partie, est une contribution à la connaissance du rôle des mangroves dans le processus de stockage du carbone organique. L'écosystème laguno-estuarien de la Somone, caractérisé par une mangrove jeune, sous climat tropical à saison très contrastée, est un site atelier idéal pour étudier et comprendre le rôle que peut jouer le stade de développement de la mangrove sur ce processus de stockage du carbone organique.

IV.2. Dynamique de la matière organique dans une mangrove jeune sous climat tropical sec, Somone, Sénégal (article soumis)

Titre:

A cross-section analysis of sedimentary organic matter in a mangrove ecosystem under dry climate conditions: The Somone Estuary, Senegal.

Issa Sakho [a,b]*, Valérie Mesnage [a], Yoann Copard [a,c], Julien Deloffre [a], Robert Lafite [a], Isabelle Niang [b], Guilgane Faye [d]

a. Laboratoire de Morphodynamique Continentale et Côtière, Université de Rouen, UMR CNRS 6143, 76 821 Mont-Saint Aignan, Cedex, France

b. Département de Géologie, Faculté des Sciences et Techniques, Université Cheikh Anta Diop de Dakar, Sénégal

c. UMR 7327 ISTO, CNRS/INSU, Université d'Orléans, BRGM, 45067 Orléans, France.

d. Département de Géographie, Faculté des Lettres et Sciences Humaines, Université Cheikh Anta Diop de Dakar, Sénégal

* Corresponding author.

E-mail address: issa.sakho@gmail.com

Abstract

Mangrove sediments are an important organic matter (OM) reservoir and play a major role in the carbon cycle. Since the 1990's, these ecosystems were subjected to numerous studies in different contexts, in order to quantify the sedimentary sink for organic carbon (OC) and to characterize the organic matter sources, but remain poorly studied in Western Africa. The aim of our study is to quantify the organic carbon content and its origin in the Somone mangrove sediments, a special ecosystem characterized by a (i) dry climate conditions with a higher rate of evaporation, (ii) lack of freshwater inflows by river, and (ii) tidal dominated system. Here, we focus on physico-chemical properties of sediments (pH and redox), sediment grain size, water content, particulate organic carbon and dissolved organic carbon in a series of 40 cm-deep cores in four tidal features: mudflat, mangrove of *Rhizophora*, and *Avicennia* and barren area. Results show that total organic carbon (TOC) contents range between 0.34 to 3.92 wt. % and are higher in sediments from mudflat and *Rhizophora* mangrove than in sediments from *Avicennia* mangrove and barren area. Such variations are mainly related to sediment grain size and to early diagenetic conditions. Indeed, sediments stored under *Avicennia* is dominated by suboxic conditions initiated by roots system and bioturbation by crabs; while under *Rhizophora* and mudflat, local anoxic conditions are prevalent as suggested by the negative Eh values and the occurrence of framboidal pyrite. Mangrove sediments of the Somone estuary contain an autochthonous ligno-cellulosic-derived organic matter. The algal mats, develop at the sediment surface, is rapidly degraded with diagenetic processes. The youngest and stunted form of the Somone mangrove contribute to the low organic carbon content of sediments; where dry climate conditions limit organic matter production by the mangrove forest.

Keywords: Mangrove sediments, organic carbon, dry climate, pH, redox, Somone estuary, Senegal.

1. Introduction

One of major transitional ecosystems between terrestrial and marine environments, mangroves forests cover more than 150,000 km^2, and represent 75 % of world's tropical coasts (Spalding *et al.*, 1997). These environments are highly productive, rich in biodiversity and support numerous ecological functions (Chong *et al.*, 1996 ; Schaffelke *et al.*, 2005 ; Wolanski, 2007 ; Alongi, 2008 ; Nagelkerken *et al.*, 2008 ; Comeaux *et al.*, 2012) and human services (Rönnbäck *et al.*, 2007 ; Walters *et al.*, 2008 ; Alongi, 2011 ; Badola *et al.*, 2012).

Mangroves forests have been characterized by a total net primary production of 218 ± 72 Tg C.yr^{-1} (Twilley *et al.*, 1992 ; Bouillon *et al.*, 2008), making them one of the most productive natural ecosystems of the world (FAO, 2007). Due to their high productivity and transitional position, mangroves play an important role in the C, N, P biogeochemical cycles in coastal environments (Singh *et al.*, 2005 ; Kristensen *et al.*, 2008). Hence, such environments play also a significant role in the global organic carbon budgets (Chmura *et al.*, 2003 ; Duarte *et al.*, 2005 ; Bouillon *et al.*, 2008). Organic carbon (OC) in mangrove sediments can be autochthonous (mangrove detritus, litters, benthic vegetation) and/or allochthonous (coastal ecosystems vegetation, riverine transport of eroded soils, freshwater and marine phytoplankton, tidally suspended organic matter e.g. Bouillon et al., 2003 ; Goni et al., 2006 ; Mesnage et al., 2007 ; Kristensen, et al., 2008 ; Rajan et al., 2010). They are both an important sink and source of OC (Rodelli et al., 1984 ; Twilley et al., 1992 ; Gonneea et al., 2004 ; Sanders et al., 2010 ; Tue et al., 2011 ; Donato et al., 2011 ; Sanders et al., 2012). However, at global scale, carbon storage in mangrove sediments is variable as attests the wide range of Total Organic Carbon (TOC) content measured in sediments varying between < 2.00 to TOC < 40.00 wt. %, with a median particulate TOC of 2.20 wt. % (Kristensen et al., 2008). Accordingly, improve our knowledge in the OC storage and OM dynamics in mangroves requires to address to the parameters acting on OC storage and organic matter dynamics in a considered mangrove ecosystem (Tue et al., 2012).

Unfortunately, mangrove sediments were very seldom investigated at global scale (Marchand et al., 2008 ; Bouillon et al., 2008 ; Sanders et al., 2010) and even more seldom at the African continent's scale. Scientific investigation on mangroves in Africa, as in Kenya (Middelburg et al. 1996) and Nigeria (Ukpong, 1995 ; Upkong, 1997 ; Effiong and Ayolagha, 2010) clearly highlighted the fact that the biogeochemical characteristics of sediments - particulate and dissolved organic carbon, interstitial water nutrient concentration, redox potential, salinity- are all indicators showing that sediment biogeochemistry influences the way of mangroves development (*Rhizophora, Avicennia*). In Senegal, research has mainly focused on how Saloum's and Casamance's mangrove surfaces have evolved according to climate variations (Sall, 1982 ; Marius, 1995 ; Diop et al.,

1997), but only a few studies have focused on sediment geochemistry (Vieillefon, 1969 ; Marius et Lucas, 1982).

In this work, we examine the bulk organic carbon characteristics coupled with porewater geochemistry in order to quantify the diagenetic processes throughout a cross-section system showing different sedimentary facies. The origin of the sedimentary OC and its degradation will also be discuss in order to discriminate the autochthonous OM production by mangrove forest and the OM river and/or marine inputs.

2. Material and methods

2.1. Study area

The Somone estuarine mangrove ecosystem located on the Petite Côte in Senegal is a 7 km^2 surface tropical ecosystem (Fig. 1.A). It extends at the end of a 350 m length sand spit, stretches parallel to the coast (Sakho et al., 2010). This ecosystem comprises of habitats, including mangroves (*Rhizophora* and *Avicennia*), intertidal mudflats, barren area (locally named tannes), sand banks, sand spit (Fig. 1.B). The mangrove forest and the mudflats are located in the intertidal zone whereas the barren areas are in the supratidal zone (Fig. 1.C). They are submerged by exceptional tides and/or rainfall during the wet season (June to October). The mouth area (Fig. 1.B) is relatively deep (> 4 m), its width varies depending on the dynamics of the distal part of the sand spit (7 m in January 2010, at the time of the study).

The Somone region lies within the Atlantic Soudanian climatic zone that is characterized by two contrasted seasons (Leroux & Sagna, 2000). The dry season lasts approximately eight months – from November to June – and is characterized by warm and dry winds while the short rainy season – 3 to 4 months, from June/July to October – mainly features monsoonal flows.

The hydrographic network of the Somone region drains a 420 km^2 watershed and has little hierarchical organization. It is formed by the confluence of two ephemeral streams that meet at the Bandia reserve (Fig. 1.A). Most of the flow occurs in August and September, when maximum precipitation occurs. The discharge data that have been recorded at the Bandia station indicate that since 1975, the maximum discharge has never exceeded 10 m^{3}s^{-1} with an annual average of 4 m^3.s^{-1}. The mangrove forest is located in a microtidal zone – tidal range < 2 m at the mouth- with a semi-diurnal tide regime. In this ecosystem, salinity is highly correlated to rainfall with rather important seasonal variations. 70 % of the time, it increases when going upstream and in doing so characterizes a reverse estuary. This increase in salinity from the ocean is aggravated by their location in the Northern latitude and the watershed geometry (Diop, 1990).

2.2. Field sampling

We investigate a cross-section of bulk sediment along a downstream-upstream transect that respectively defines the intertidal mudflat (station 1), the *Rhizophora* mangrove (station 2), the *Avicennia* mangrove (station 3) and the barren area (station 4) which is a hypersaline zone with salt efflorescence (Fig. 1.C). This transect was selected according to a salinity and a flooding-dessication gradient. Indeed, stations 1 & 2 are located in the intertidal zone and are therefore submerged at high tide. The tanne is located in the supratidal zone and is only submerged at spring tide. The *Avicennia* mangrove is located at the limit of these two tidal zones.

Field works were conducted during the dry season (January 2010), series of 40 cm-deep sediment cores were collected at the four stations with 10 cm-diameter PVC corers. Cores were immediately cut-off into sections from the top to the bottom (0-2 cm / 10-12 cm / 20-22 cm / 38-40 cm); samples were kept at -20°C in the Geological laboratory of the Rouen university until their analysis.

The temperature, salinity, pH and redox profiles were carried out in-situ with specific electrodes with a transparent pierced-PVC corer using pH-KCl-saturated glass electrode and Pt/Pt-Ag/Ag-Cl redox electrodes.

2.3. Laboratory analysis

The grain size distribution (sand to clay fractions) has been performed according to the micro-granulometric laser Bechman-Coulter L230.

The concentrations in anions (Cl^- and SO_4^{2-}) and cations (K^+, Ca^{2+}, Na^+, Mg^{2+}) were determined through ionic chromatography using anions and cations specific columns.

The dissolved organic carbon (DOC) was analyzed with a "TOC Shimadzu 5050" carbon analyser. Measurement reproducibility was < to 5%.

Pyrite in sediments has been described using Scanning electronic microscopy – Zeiss Evo40 Ep.

Sediments were air-dried and sieved to < 2 mm. The Total Organic Carbon (TOC) has been analysed using the latest version of the pyrolyser, the RE6 (Lafargue *et al.*, 1998). Indeed it is now applied to quickly characterize the global geochemistry of recent OM of sediments (e.g. Disnar *et al.*, 1984 ;

Marchand et al., 2008), of soils (e.g. Di Giovanni et al., 1998), or of suspended load in river (Copard et al., 2006). Between 50 and 100 mg of dry sample are first pyrolyzed under inert atmosphere (N_2) according to a linear temperature programming (25°C. min^{-1}), between 250 and 650°C. This first phase releases signals S_1 then S_2 that are delivered by an FID detector and that correspond respectively to the release of free hydrocarbon (already present in the sample) following by the hydrocarbon release due to the progressive cracking of OM. The signal S_3 and $S_{3'}$ that are recorded concurrently by an IR cell, come respectively from the release of CO_2 and CO emitted during OM pyrolysis. The pyrolysis residue is then submitted to heating under O_2 with a linear temperature programming from 300 to 750°C. An IR cell then records the signals S_4 and $S_{4'}$ that correspond respectively to CO_2 and to CO produced by the combustion of the carbonaceous material.

The usual parameters of this analysis method come from the signal integration. Hydrogen Index (HI in mg HC. g^{-1}TOC), calculated from signal S_2, corresponds to the hydrogen richness of the sample whereas OI RE6 (OI in mg O_2. g^{-1}TOC) reveals the oxygenation degree of OM. Tmax (in °C) corresponding to the pyrolysis temperature at which the maximum quantity of HC compounds are released (i.e. top of the S_2 peak) informs on the ability for recent OM to be processed (i.e. hydrolysis, bacterial consummation, oxidation). RE6 pyrolysis also provides the total organic carbon content (TOC expressed in weight %) corresponding to the sum of organic carbon (OC) calculated during the pyrolysis (PC, wt%) and combustion stages (RC, wt%). On the basis of the analyses performed with a standard from the Institut Français du Pétrole, measurements uncertainty reaches 3 % (Noël et al., 2001).

3. Results

3.1. Grain size distribution

Sediments in the four stations were composed of sand, silt and clay (table. 1). We observed a difference in sediment composition between stations. The mudflat (station 1) is characterized by 32 % of sand, 63 % of silts and 5 % of clay. *Rhizophora* (station 2) is characterized by 30 % of sand, 66 % of silts and 4 % of clay. The sediments of *Avicennia* (station 3) were composed by 34 % of sand, 63 % of silts and 3 % of clay whereas the tanne (station 4) is composed by 75.5 % of sand, 23 % of silts and only 1.5 % of clay (Table. 1). Thus, the four studied stations showed a decreasing gradient of sediments grain size (sand to clay) from the supra-tidal zone (tanne) to the intertidal zone (mudflat, *Rhizophora*). The water content remains of the same order of magnitude for the first 40 centimeters of the sedimentary column. But, over the cross-section, the water content of sediments shows also an increasing gradient with 17 %, 27 %, 55 % and 49 %, respectively in the tanne, *Avicennia*, *Rhizophora* and mudflat (Table. 1). This relative drying out can be explained either by the flooding time that decreases towards the tanne and by the sediment grain size.

3.2. Porewater chemistry

Salinity values gradually increase from the mudflat (station 1) towards the barren area (station 4) profiles, which is respectively 38.0 to > 70.0 g/l at sediment surface (Table. 1). This trend can also be observed for anion concentrations in interstitial waters (Cl^- and SO_4^{2-}) showing a steadily increase from the tideway towards the barren area (Fig. 2). As an example, chloride (Cl^-) varies from 20.0 g/l in the channel to 22.5 g/l in the mudflat and to roughly 51.5 g/l in the tanne (Fig. 2). SO_4^{2-} varies from 3 g/l in the mudflat to 3 g/l in *Rhizophora*, 4.0 g/l in the *Avicennia* and to 8.0 g/l in the barren area (the tanne) facies. Concentrations in cations (K^+, Ca^{2+}, Na^+, Mg^{2+}) measured in interstitial waters exhibit the same trend that those of anions; the concentrations are always higher in the tanne facies (Fig. 2). As an example, K^+, Ca^{2+}, Na^+ and Mg^{2+} reach 0.5, 0.6, 12.0 and 1.5 g/l respectively in the mudflat while in the tanne, concentrations of these cations reach 1, 1, 22 and 2.5 g/l respectively.

From the mudflat to the tanne, temperatures of the four studied facies vary from 21 and 30°C (Fig. 3). For the mudflat facies, temperatures do not vary with depth, the profile being almost vertical with values ranging from 23 to 24°C. In the same way as for the mudflat facies, *Avicennia* has an almost vertical temperature profile with values around 22°C. For *Rhizophora* facies, the temperature decreases from 25.5 to 23°C between 0 and 20 cm depth. Then it increases up to 25°C at 40 cm depth (Fig. 3). The barren area (tanne) presents higher temperatures than the three other facies. They range from 27.20 to 29.80 °C all along the profile. High temperature surface values (30°C) are maintained down to 6 cm depth before to slightly decrease to 28° C and then remain stable along the next 40 cm of sediment (Fig. 3).

The pH profiles of the 4 facies exhibit a sediment acidification with depth (Fig. 3). This acidification is more important in the first 10 cm (pH from 6.4 to 7.3) whatever the facies. An acidification gradient for surface sediments of the mudflat towards the tanne is also evidenced (Fig. 3): pH is more acid under *Rhizophora* followed by *Avicennia*, then the tanne and finally the mudflat (Fig. 3). Indeed, the surface pH values vary from 6.75 to 7.30 and evolve with depth to reach 6.25 at 40 cm depth for *Rhizophora* (station 2). On the surface sediment *Avicennia* is the most acid facies while the tanne has the highest pH level; yet the latter sharply decreases along the first 5 centimeters to then remains almost stable.

Mudflat and *Rhizophora* transects show some redox profiles with some positive values, (+ 100 mV) on the surface sediment, and sediment is rapidly reduced to a depth of 5 cm (- 50 mV) for the mudflat and at 10 cm depth for *Rhizophora* (Fig. 3). Then, the sediment remains reduced all along the sedimentary column for these two facies with values ranging around - 150 mV (Fig. 3). In contrast, the redox profiles of tanne and *Avicennia* are oxidised on the whole sedimentary column. For the tanne, the redox potential varies from + 300 to +500 mV (Fig. 3). Eh values for *Avicennia* range between + 134 and + 287 mV. The sediment surface (0 -5 cm) is more oxidized (+ 288 mV) than in deeper sediments (+ 134 mV). Otherwise, anoxic conditions in sediment have been pointed out by the occurrence of framboidal pyrite (Fig. 4).

3.3. Particulate and dissolved organic matter of sediments

One the whole, POC values given by RE6 pyrolysis (i.e. TOC content) vary between 0.34 and 3.92 wt. % (Fig. 5). In the first 11 centimetres, the mudflat sediments are characterized by a TOC content around 1.50 wt. % increasing downward to reach 3.92 wt. %. For *Rhizophora*, the TOC values vary between 1.66 and 2.14 wt. %. TOC values for *Avicennia* decrease with depth (0.56 to

0.34 wt. %) increasing to 0.63 wt. % at the base of the profile (Fig. 5). With TOC values always below 0.08 wt. %, tanne sediments are considered as devoid of organic matter.

The hydrogen and oxygen richness of OM can respectively be expressed by the values of the hydrogen index (HI) and oxygen index (OI). In the mudflat facies, HI values rise up to 31 cm (230 mgHC.g^{-1}TOC) and then decrease at the base of the profile (177 mg HC.g^{-1} TOC at 41 cm depth). There is an opposite trend for the evolution of OI values which drop when measuring down from the surface (188 mgO$_2$.g^{-1}TOC) up to 21 cm (111 mg O$_2$.g^{-1} TOC) to then increase again at the base of the profile, 154 mgO$_2$.g^{-1}TOC.

The recalcitrant character of recent OM toward further degradations can be assessed with Tmax values. Generally, this resistance to any OM processes as hydrolysis, (photo) oxidation and biodegradation increase with increasing Tmax values, (Copard *et al.*, 2006). Evolution of Tmax within the mudflat profile follows that of the HI values (i.e value of 421°C on the surface, 431°C at 21 cm depth and 425°C at 40 cm depth). The measured Tmax within the profile under *Rhizophora* are constant between 0 and 21 cm (420°C) and decrease toward bottom core (406° C). Between 0 and 11cm, Tmax values under *Avicennia* tend to decrease from 417 to 409°C and then remain unchanged at around 415°C between 21 and 41 cm.

Both surface sediment (0-10 cm) from mudflat and *Avicennia* profiles present a DOC concentration close to 30 mg/L. Then concentrations decrease afterwards with depth down to 20 mg.l^{-1}. For *Rhizophora*, the concentrations of surface sediment are lower, approximating 20 mg.l^{-1} contrary for tanne profile, where DOC values are very low, always < 1 mg.l^{-1} in surface sediments.

4. Discussion

4.1. Impact of tidal dynamic on porewater chemistry

A salinity gradient is well marked, with the formation of salt efflorescence on the tanne facies (supratidal zone), as a consequence of the over-concentration in chlorides and sulphates. Indeed at high tide, the mudflat and mangrove *Rhizophora* in the intertidal zone are recovered by seawater that provides concentration of chloride and sulphate ions close to those of the seawater. On the contrary, the tanne facies located in the supratidal zone is only submerged during the strongest high tides. High temperatures and absence of vegetation involve a severe evaporation of seawater explaining high concentrations in chlorides and sulphates. In hot and dry climatic contexts as in Sahel, processes of over-concentration have been described in literature on other Senegalese estuaries (Vieillefond, 1969 ; Marius, 1995) but also in Mexico (Day *et al.*, 1996), in Australia (Hollins and Ridd, 1997 ; Sam and Ridd, 1998 ; Ridd and Stieglitz, 2002). Impact of the deficient in the annual hydrologic budget has also been pointed out, associated with a shallow groundwater, the phenomenon of salt concentrate through capillary-driven can well explain salt efflorescence characterizing the ascending saline profile (Bouteyre & Loyer, 1992).

Other authors have demonstrated a clear tidal signature with water column nutrients concentration covaried with salinity controlling the sediment porewater chemistry (Lara & Dittmar, 1999; Dittmar & Lara, 2001). Otherwise, at the sediment surface, the impact of tidal dynamic can be deciphered with pH values fluctuation. The regular input of seawater of basic pH (pH>8) on the mudflat and mangrove *Rhizophora* facies explains the less acid pH values as for the *Avicennia* facies. However, sediment acidification can result from OM decomposition, but also from sulfur oxidation (Marchand et al., 2012). Mangrove sediments are subjected to an alternation of oxic and anoxic decay processes, which can lead to a production of sulfur and then to their dissolution. Our results show that the biogeochemistry of mangrove sediments is strongly influenced by local environmental conditions (tidal flooding, duration of inundation, without freshwater input, seasonality of precipitation and temperature, bioturbation, etc.). These findings were evidenced in other mangroves area (Luther *et al.,* 1991 ; Attri *et al.,* 2011).

4.2. Sedimentary organic carbon dynamics: storage (preservation) or degradation

Organic mater (OM) degradation in mangrove surface sediments is well described in literature as an acidification process within the sedimentary column (Marius & Lucas, 1982). This process corresponds to an intense sulphate reduction activity leading to the degradation of the OM, which produces organic acids acidifying the sediment. The pH values of surface sediments, varying from 6.75 to 7.25, are consistent with literature on the mangrove surface sediments as in Senegal, especially in the Casamance and Sine-Saloum (Marius & Lucas, 1982), in Belize (Feller *et al,.* 2002), in French Guiana (Marchand *et al.,* 2004) and in Tanzania (Lyimo & Mushi, 2005 ; Sjöling *et al.,* 2005).

OM processes are also controlled by redox-potential conditions in sediment. Indeed anaerobic reactions, performed by the sulphate reducing bacteria, consume the whole oxygen contained in the sediment. Via their roots, *Rhizophora* enhance pyrite precipitation and promote dominant reduction conditions. Pyrite formation (framboidal pyrite) occurs through the reduction of sulphates that are directly brought by seawater. Anaerobic environment preserved in the deposit from the sediment interface to −40 cm depth, was already described for mangroves in the Casamance and the Saloum regions (Marius and Lucas, 1982 ; Marius, 1995), in Columbia (Cardona and Botero, 1998), in Mexico (Giani *et al.*, 1996). In contrast, the oxidation of the *Avicennia* (stations 3) and tanne sedimentary column (station 4) can first be linked to numerous burying organisms in these sandy facies that are not very often or never immersed; these organisms oxygenate the environment through bioturbation. This is namely the case for hundreds of crabs living on the tanne. A Japanese study (Otani *et al.* 2010) shows the role of the crabs in the POM burying and recycling processes all along a sediment depth down to 20 cm. This important biological activity would need to be included in future studies to estimate carbon flux at the water-sediment interface. A second factor that participates in sediment oxidation is linked to the physiology of the *Avicennia* species that introduces oxygen along a 15 to 20 cm depth via their roots (pneumatophores) thus maintaining suboxic conditions (Marchand *et al.*, 2003). On the contrary, other mangrove species do not feature these roots and the corresponding facies sediment is therefore not oxygenated so that in the sediment, POM is altered under anaerobic conditions. This difference in sediment oxidation under mangrove forest with species (i.e. aerial roots or not), has already been shown in Tanzania (Lyimo et al., 2002 ; Lyimo and Mushi, 2005).

The organic carbon (OC) content is evaluated with the total organic carbon (TOC) values that were measured on the sediment column, ranging from 0.34 to 3.92 wt. % for the four profiles. All these values are low but range within the average generally accepted for mangroves sediments (Kristensen et al., 2008), namely those neighbouring the study site in Basse-Casamance (Vieillefon, 1977). In West Africa, data on the storage capacity of organic carbon in sediments are scarce. Only average values of OC, from 3.60 to 9.20 wt. %, were measured along a 40 cm depth on different vegetal units of Nigeria's mangrove forests (Upkong, 1995; Upkong, 1997). Other investigations at the South of Senegal (Vieillefon, 1969) have shown approximately similar values to those we obtained on the Somone's transect.

TOC contents of surface sediments are low compared to surface sediment sampled in some mature mangroves where TOC can frequently reach 15.00 wt. % (Lallier-Vergès et al., 1998; Marchand et al., 2003). Globally, sedimentary OC content increases according to mangrove ageing (Marchand et al., 2003). This can be explained by litter production that, in early development stages of the mangrove, is only sufficient to compensate the loss of OC due to OM processes at the surface sediments. Accordingly, OC storage is necessarily less important for the Somone's mangrove which can be qualified as a "young mangrove". Indeed a work on this same study site has shown that, between 1946 and 1978, 85% of the mangrove surface disappeared to the benefit of mudflats because of concomitant effects of anthropogenic and natural factors: domestic use of mangrove woods, drought developed in 1970 and sand barrier migrated (1974) thus isolating the ecosystem and leading to a hypersaline environment. However, reforestation efforts were carried out at the beginning of the 1990s, and the area was changed into a natural reserve of common interests in 1999. Mangrove surfaces have increased with factor 5 during 15 years and have thus highlighted the capacity of vegetal recovery over a decade. This is the reason why this mangrove forest is young (two decades) with a low sedimentation rate, around 2 mm.y^{-1} (Sakho et al., 2011). Thus, the production of autochthonous OC due to the fall of the mangrove leaves and stems occurring since two decades, justifies the small amount of TOC contained in the sediments. Moreover, in the intertidal zone, the mangrove undergoes the tide energy level; this allows part of the litter (autochthonous OM) to be exported at each tide, thus limiting the accumulation and degradation of this autochthonous OM to the same extent.

OC storage which can be seen as an OM accumulation / preservation in the sediment varies according to the studied profiles. For the mudflat profile (station 1) and *Rhizophora* (station 2), OC storage clearly appears 10 cm below the surface where TOC values increase up to 20 cm to then stabilize on the remaining part of the investigated sedimentary column. OM is subjected to a mineralization process and becomes much more resistant as evidenced by the abrupt drop of the C ratio (24.38 down to 18.40). Variability of TOC contents in this cross-section is obviously related to the grain size of sediment (i.e. fine sediment associated to higher TOC content). Nonetheless, other factors as bioturbation activity (Kristensen, 2000), mangrove forest age, physiological activities of the root system, the extent of water logging and intensity of faunal burrowing activities can influence the OC preservation in these coastal environment (Kristensen et al., 2008 ; Perry and Berkeley, 2009 ; Tue et al., 2012 ; Donato et al., 2011). Moreover, anoxic conditions of the environment (-150 mV) allow OM storage by protecting it from further OM processes and in such cases, TOC values can exceed 3.00 wt. %. On the contrary, for *Avicennia* (station 3), OC storage in the sediment surface is half lower (<1%) than in the two other facies cited above. This low TOC content is constant all along the sedimentary column. This mangrove specie features a pneumatophores system, well developed for the first 20 centimeters, which contributes to the oxygenation (Thibodeau and Nickerson, 1986 ; Otero et al., 2006). The action of the roots network on the first half of the profile clearly explains the drop in TOC and HI values while OI values increase. This oxidizing environment increases the DOC concentration at sediment surface (30 $mg.l^{-1}$); such a process has already been observed for mangrove forests in French Guyana (Marchand et al., 2004).

4.3. Sedimentary organic matter sources

The origin of OM can be deciphered in a HI-OI Van Krevelen pseudo-diagram initially designed to characterize the origin (i.e. lacustrine, marine, terrestrial) of source rocks releasing oil and gas (Espitalié et al., 1985 ; Lafargue et al., 1996). In the case of recent OM, this diagram highlights the nature of OM, from a lignocellulose, pollen / spore origin to a lipid-rich wax or microorganisms origin (Waples, 1985; Meyers and Lallier-Vergès, 1999). On the whole, OM of lignocellulosic type presents some low HI values (< 250 $mgHC.g^{-1}$ TOC) associated to high OI values (>100 mgO$_2$.g^{-1} TOC) whereas aquatic OM presents higher HI values (>400 mgHC.g^{-1} TOC) associated to lower OI values (<100 mgO$_2$.g^{-1} TOC) (Marchand *et al.,* 2008). Contrary to a previous extensive research that has shown the role of microbial or algal mats (Kristensen *et al.,* 2008), such an influence was not observed for this study site. This absence of algal mats, yet frequently observed in sediment surface of mangrove environment, can be related to the high biodegradability of this OM during early diagenesis; a very important processes in such environments (Patience *et al.,* 1995; Marchand *et al.,* 2003). This limited input of aquatic OM in the sedimentary columns would be related to the very low sedimentation rates (2 mm.year^{-1}) measured on the mudflat (Sakho *et al.,* 2011) increasing the exposure duration of aquatic OM to the biodegradation process in surface sediments.

If OM has a lignocellulosic origin, it can however be at least partly allochthonous and may originate from the watershed. In such case, OM is conveyed with the suspended load by the drainage network as already observed in Kenya (Bouillon *et al.*, 2007). However, (i) the Somone river dries out nine months out of twelve, (ii) shows a very low average annual flow of around 4 m^3 s^{-1} and (iii) sediment load mainly stored at the foot of Bandia dam since 1999 (Fig. 1A). In addition, over the 2007 / 2010 period, no hydric fluxes were observed downstream the dam. This terrestrial OM should therefore be minor or even inexistent compared to the mangrove productivity. However, terrestrial OM could also be carried out by the sea currents coming from a river with a high sediment load and located near the study site. This situation that prevails only when the sea currents are favourable, was already observed in mangroves of French Guinea's that accumulate strongly altered terrestrial OM originated from Amazonia's mouth (Marchand et al., 2008). Yet this allochthonous terrestrial OM would show HI values inferior to 150 mgHC.g^{-1}TOC and extremely high OI, comprised between 200 and 800 mgO$_2$ g^{-1}TOC (Marchand et al., 2008) (Fig. 6.A) but this is not the case here. Regarding all these features, sedimentary OM may probably come from a unique lignocellulosic source from the local root production (Twilley et al., 1992 ; Chen and Twilley, 1999 ; Otero et al., 2006). This hypothesis is reinforced by the high correlation coefficient (r^2>0.90) between S2 and TOC parameters (Fig. 6.B) indicating a homogeneous OM (Noël et al., 2001) whatever the studied profile.

5. Conclusion

This paper corresponds to a first comprehensive scientific study of sedimentary organic matter of the Senegalese mangrove.

The survey of surface sediment chemistry has pointed out the drying out and the hypersalinity of the sedimentary facies along the intertidal-supratidal cross-section. The formation of salt efflorescence and the variation of pH values clearly demonstrated the impact of tidal dynamic on porewater chemistry. Our result show that the redox conditions in mangrove ecosystem depend mainly to the mangrove genus e.g the physiology of *Avicennia* permits the introduction of oxygen via their pneumatophores, maintaining suboxic conditions. In the first centimetres of the sedimentary column, such conditions are also enhanced by the bioturbation activities (e.g. crabs). Diagenetic processes are aerobic and mostly occur in the first centimeters of the sediment, explaining the higher dissolved organic carbon content in the sediment surface. Organic geochemical signature of sediments suggests that sedimentary OM is mainly ligno-cellulosic-derived. Absence of algal mat is linked to the low sedimentation rate increasing the duration exposure of this OM to the biodegradation process. The low TOC content in sediments, reflect the low organic matter production of the mangrove as it is a young and stunted mangrove. Youth of mangrove, coupled to the low sedimentation rate and the drastic conditions (i.e. drought, absence of fluvial freshwater input, high evaporation rate and hypersalinisation) are the main limiting factors preventing the sedimentary OC preservation in this mangrove sediments.

References

Alongi, D.M., 2011. Carbon payments for mangrove conservation: ecosystem constraints and uncertainties of sequestration potential. Environmental Science Policy 14, 462–470.

Alongi, D.M., 2008. Mangrove forests: Resilience, protection from tsunamis, and responses to global climate change. Estuarine, Coastal and Shelf Science 76, 1–13.

Attri, K., Kerkar, S., LokaBharathi, P.A., 2011. Ambient iron concentration regulates the sulfate reducing activity in the mangrove swamps of Diwar, Goa, India. Estuarine, Coastal and Shelf Science 95, 156-164.

Badola, R., Barthwal, S., Hussain, S.A,. 2012. Attitudes of local communities towards conservation of mangrove forests: A case study from the east coast of India. Estuarine, Coastal and Shelf Science 96, 188-196.

Baltzer, F., Lafond, L.R., 1971. Marais maritimes tropicaux. Revue de Géographie physique et de Géologie dynamique 13, 2, 173-196.

Blasco, F., Carayon, J.L., 2000. Les mangroves et le niveau de la mer. In : Le Changement climatique et les espaces côtiers. Actes du Colloque euro-méditerranéen, Université d'Arles (France), 12-13 octobre 2000, 24-27.

Bouillon, S., Borges, A.V., Castaneda-Moya, E., Diele, K., Dittmar, T., Duke, N.C., Kristensen, E., Lee, S.Y., Marchand, C., Middelburg, J.J., Rivera-Monroy, V.H., Smith III, T.J., Twilley, R.R., 2008. Mangrove production and carbon sinks: A revision of global budget estimates. Global Biogeochemical Cycles 22, 1-12.

Bouillon, S., Dehairs, F., Schiettecatte, L.S., Borges, A.V., 2007. Biogeochemistry of the Tana estuary and delta (northern Kenya), Limnol. Oceanogr. 52, 46-59.

Bouteyre, G., Loyer, J.Y., 1992. Sols salés, eaux saumâtres, des régions arides tropicales et méditerranéennes : principaux faciès, conséquences pour l'agriculture. In Le Floc'h.E, Grouzis.M, Cornet.A, Bille.J.C (1992). L'aridité : une contrainte au développement Paris: Edition de l'ORSTOM, 69-80.

Cardona, P., and Botero, L., 1998. Soil Characteristics and Vegetation Structure in a Heavily Deteriorated Mangrove Forest in the Caribbean Coast of Colombia. Biotropica 30, 1, 24-34.

Chen, R., Twilley, R.R., 1999. A simulation model of organic matter and nutrient accumulation in mangrove wetlands soils, Biogeochemistry 44, 93-118.

Chmura, G.L., Anisfeld, S.C., Cahoon, D.R., Lynch, J.C., 2003. Global carbon sequestration in tidal, saline wetland soils. Global Biogeochemical Cycles 17, 1e12.

Chong, V.C., Sasekumar, A., Wolanski, E., 1996. The role of mangroves in retaining penaeid prawn larvae in Klang Strait, Malaysia. Mangroves and salt marshes 1, 1, 11-22.

Comeaux, R.S., Allison, M.A., Bianchi, T.S., 2012. Mangrove expansion in the Gulf of Mexico with climate change: Implications for wetland health and resistance to rising sea levels. Estuarine, Coastal and Shelf Science 96, 81-95.

Copard, Y., Di-Giovanni, Ch., Martaud, T., Albéric, P., Ollivier, J. E., 2006. Using Rock-Eval 6 pyrolysis for tracking fossil organic carbon in modern environments: implications for the roles of erosion and weathering. Earth Surf. Proc. Land. 31, 135-153.

Dahdouh-Guebas, F., Koedam, N. 2008. Long-term retrospection on mangrove development using transdisciplinary approaches: A review. Aquatic Botany 89, 2, 80-92.

Day Jr., J.W., Coronado-Molina, C., Vera-Herrera, F.R., Twilley, R., Rivera-Monroy, V.H., Alvarez-Guillen, H., Day, R., Conner, W., 1996. A 7-year record of above-ground net primary production in a southeastern Mexican mangrove forest. Aquatic Botany 55, 39-60.

Di-Giovanni, C., Disnar, J.R., Bichet, V., Campy, M., Guillet, B., 1998. Geochemichal characterization of soil organic matter and variability of a past glacial detrital organic supply (Chaillexon lake, France). Earth Surface Processes and Landforms 23, 1057-1069 (pour les sédiments).

Disnar, J.R., Trichet, J., 1984. The influence of various divalent cations (UO_2^{2+}, Cu^{2+}, Pb^{2+}, Co^{2+}, Ni^{2+}, Zn^{2+}, Mn^{2+}) on thermally induced evolution of organic matter isolated from an algal mat. Org. Geochem. 6, 865-874.

Diop, E.S., Soumaré, A., Diallo, N., Guissé, A., 1997. Recent changes of the mangroves of the Saloum River Estuary, Senegal. Mangrove and Salt Marshes 1, 163-172.

Diop, E.S., 1990. La côte ouest africaine du Saloum (Sénégal) à la Mellacorée (République de Guinée). Collection Etudes et Thèses, éditions de l'ORSTOM, Paris, 381 p.

Dittmar, T., Lara, R.J., 2001. Driving forces behind nutrient and organic matter dynamics in a mangrove tidal creek in North Brazil. Estuarine, Coastal and Shelf Science 52, 249-259.

Donato, D.C., Kauffman, J.B., Mackenzie, R.A., Ainsworth, A., Pfleeger, A.Z., 2012. Whole-sland carbon stocks in the tropical Pacific: Implications for mangrove conservation and upland restoration. Journal of Environmental Management 97, 89-96.

Donato, D.C., Kauffman, J.B., Murdiyarso, D., Kurnianto, S., Stidham, M., Kanninen, M., 2011. Mangroves among the most carbon-rich forests in the tropics. Nature Geoscience 4, 293-297.

Duarte, C.M., Middelburg, J.J., Caraco, N., 2005. Major role of marine vegetation on the oceanic carbon cycle. Biogeosciences 2, 1–8.

Effiong, G.S., Ayolagha, G.A., 2010. Characteristics, constraints and management of mangrove soils for sustainable crop production. Electronic Journal of Environmental, Agricultural and Food Chemistry 9 6, 977-990.

Espitalié J., Deroo G., Marquis F., 1985. La pyrolyse Rock-Eval et ses applications. Revue. Institut Français du Pétrole 40, 5, 563-579, 40, 6, 755-784, 41, 1, 73-89.

Feller, I.C., McKee, KL., Whigham, DF., O'Neill, J.P., 2002. Nitrogen vs. phosphorus limitation across an ecotonal gradient in a mangrove forest. Biogeochemistry 62, 145-175.

Fujimoto, K., Imaya, A., Tabuchi, R., Kuramoto, S., Utsugi, H., Murofushi, T., 1999. Belowground carbon storage of Micronesian mangrove forests. Ecol. Res. 14, 409–413.

Furukawa, K. and Wolanski, E., 1996. Sedimentation in the mangrove forests. Mangroves and salt marshes, 1, 1, 3-10.

Giani, L., Bashan, Y., Holguin, G., Strangmann, A., 1996. Characteristics and methanogenesis of the Balandra lagoon mangrove soils Baja California Suv, Mexico. Geoderma, 72, 149-160.

Goni, M.A., Monacci, N., Gisewhite, R., Ogston, A., Crockett, J., Nittrouer, C., 2006. Distribution and sources of particulate organic matter in the water column and sediments of the Fly River Delta, Gulf of Papua (Papua New Guinea). Estuarine, Coastal and Shelf Science 69, 225-245.

Hogarth, P.J., 2007. The Biology of Mangroves and Seagrasses. OXFORD University Press, Second Ed, 273 p.

Kaly, J.L., 2001. Contribution à l'étude de l'écosystème mangrove de la Petite Côte et essai de reboisement. Thèse de $3^{\text{ème}}$ cycle, Université Cheikh Anta Diop de Dakar, 208 p.

Kristensen, E., Bouillon, S., Dittmar., T., Marchand, C., 2008. Organic carbon dynamics in mangrove ecosystems: A review. Aquatic botany 89, 201-219.

Lafargue, E., Marquis, F., Pillot, D., 1998. Rock-Eval 6 applications in hydrocarbon exploration, production, and soil contamination studies. Revue. Institut Français du Pétrole 53, 4, 421-437.

Lallier-Vergès, E., Perrussel, B.P., Disnar, J.R., Baltzer, F., 1998. The relationship between environmental conditions and the diagenetic evolution of organic matter derived from higher plant in a present mangrove swamp system (Guadeloupe, French West Indies), Organic Geochemistry 29, 1663-1686.

Lamagat, J.P, Loyer, J.Y., 1985. Typologie des bassins-versants en Casamance. Table ronde sur les barrages antisels, Ziguinchor, 1-11.

Lara, R.J., Dittmar, T., 1999. Nutrient dynamics in mangrove creek (North Brazil) during the dry season. Mangroves and Salt Marshes 3, 185-195.

Leroux, M., Sagna, P., 2000. Le climat. In : Atlas du Sénégal. Ed. Jeune Afrique, 16-19.

Luther, G.W., Ferdelman, T.G., Kostka, J.E., Tsamakis, E.J., Church, T.M., 1991. Temporal and spatial variability of reduced sulfur species (pyrite, thiosulfate) and pore water parameters in salt marsh sediment. Biogeochemistry 14, 57-88.

Lyimo, T.J., Mushi, D., 2005. Sulfide concentration and redox potential patterns in mangrove forests of Dar es Salaam: Effects on *Avicennia* marina and *Rhizophora* mucronata seedling establishment. Western Indian Ocean Journal of Marine Sciences 4, 2, 163-173.

Lyimo, T.J., Pol, A., Op den Camp, H.J.M., 2002. Methane emission, sulphide concentration and redox potential profiles in Mtoni mangrove sediment, Tanzania. Western Indian Ocean Journal of Marine Sciences 1, 71-80.

Marchand, C., Lallier-Vergèsa, E., Disnara, J.R., Kéravisa, D., 2008. Organic carbon sources and transformations in mangrove sediments: A Rock-Eval pyrolysis approach. Organic Geochemistry 39, 408-421.

Marchand, C., Albéric, P., Lallier-Vergès, E., Baltzer, F., 2006. Distribution and characteristics of dissolved organic matter in mangrove sediments pore-waters along the coastline of French Guiana. Biogeochemistry 81, 59–75.

Marchand, C., Baltzer, F., Lallier-Vergès, E., Albéric, P., 2004. Pore-water chemistryin mangrove sediments: relationship with species composition and developmental stages (French Guiana). Marine Geology 208, 361-381.

Marchand, C., Lallier-Vergès, E., Baltzer, F., 2003. The composition of sedimentary organic matter in relation to the dynamic features of a mangrove-fringed coast in French Guiana. Estuarine, Coastal and Shelf Science 56, 119– 130.

Marius, C., 1995. Effets de la sécheresse sur l'évolution des mangroves du Sénégal et de la Gambie. Sécheresse 6, 1, 123-126.

Marius, C., et Lucas, J., 1982. Evolution géochimique et exemple d'aménagement des mangroves au Sénégal (Casamance). In Oceanologica Acta. Les lagunes côtières : Symposium international, Bordeaux, pp. 151-160.

Matsui, N., 1998. Estimated stocks of organic carbon in mangrove roots and sediments in Hinchinbrook Channel, Australia. Mangroves Salt Marshes 2, 199-204.

Mesnage, V., Ogier S., Bally, G., Disnar, J-R., Lottier, N., Dedieu, K., Rabouille, C., Copard, Y., 2007. Nutrient dynamics at the sediment–water interface in a Mediterranean lagoon (Thau, France): Influence of biodeposition by shellfish farming activities. Marine Environmental Research 63, 257–277.

Meyers, P., Lallier-Verges, E., 1999. Lacustrine sedimentary organic matter records of Late Quaternary paleoclimates. Journal of Paleolimnology 21, 345-372.

Middelburg, J.J., Nieuwenhuize, J., Slim, F.J., Ohowa, B., 1996. Sediment biogeochemistry in an East African mangrove forest (Gazi Bay, Kenya). Biogeochemistry 34, 133-155.

Nagelkerken, I., Blaber, S.J.M., Bouillon, S., Green, P., Haywood, M., Kirton, L.G., Meynecke, J.O., Pawlik, J., Penrose, H.M., Sasekumar, A., Somerfield, P.J., 2008. The habitat function of mangroves for terrestrial and marine fauna: A review. Aquatic Botany 89, 2, 155-185.

Noël, H., Garbolino, E., Brauer, A., Lallier-Verges, E., De Beaulieu, J.L., Disnar, J.R., 2001. Human impact and soil erosion since ca. 5000 years attested by the study of the sedimentary organic content, "Lac d'Annecy, The French Alpes". Journal of paleolimnology 25, 2, 229-244.

Otani, S., Kozuki, Y., Yamanaka, R., Sasaoka, H., Ishiyama, T., Okitsu, Y., Sakai, H., Fujiki, Y., 2010. The role of crabs (Macrophthalmus japonicus) burrows on organic carbon cycle in estuarine tidal flat, Japan. Estuarine, Coastal and Shelf Science 86, 434– 440.

Otero, X.L., Ferreira, T.O., Vidal-Torrado, P., Macıas, F. 2006. Spatial variation in pore water geochemistry in a mangrove system (Pai Matos Island, Cananeia-Brazil). Geochemistry 21, 2171-2186.

Patience, A.J., Lallier-Verges, E., Sifeddine, A., Albéric, P., Guillet, B., 1995. Organic fluxes and early diagenesis in the lacustrine environment. In: « Organic matter accumulation : The Organic Cyclicities of the Kimmeridge Clay Formation (Yorkshire, G.B) and the Recent Maar Sediments (Lac du bouchet). Lallier-Verges, E., Tribovillard, N.,

Bertrand, P., (eds.). Lecture Notes in Earth Sciences, Springer Verlag (Heidelberg) 57, 145-156.

Perry, C.T., Berkeley, A., 2009. Intertidal substratemodification as a result ofmangrove planting: impacts of introduced mangrove species on sediment microfacies characteristics. Estuarine, Coastal and Shelf Science 81, 225–237.

Ranjan, R.K., Routh, J., Ramanathan, A.L., 2011. Bulk organic matter characteristics in the Pichavaram mangrove – estuarine complex, south-eastern India. Applied Geochemistry 25, 1176-1186.

Rönnbäck, P., Crona, B., Ingwall, L., 2007. The return of ecosystem goods and services in replanted mangrove forests: perspectives from local communities in Gazi Bay, Kenya. Environmental Conservation 34, 313-324.

Sakho, I., Mesnage, V., Deloffre, J., Lafite, R., Niang, I., Faye, G., 2011. The influence of natural and anthropogenic factors on mangrove dynamics over 60 years: The Somone Estuary, Senegal. Estuarine, Coastal and Shelf Science 94, 93-101.

Sall, M.M., 1982. Dynamique et morphogenèse actuelle au Sénégal occidental. Thèse de Doctorat d'Etat, Université Louis Pasteur de Strasbourg, 604 p.

Sanders, C.J., Smoak, J.M., Waters, M.N., Sanders, L.M., Brandini, N., Patchineelam, S.R., 2012. Organic matter content and particle size modifications in mangrove sediments as responses to sea level rise. Marine Environmental Research 77, 150-155.

Sanders, C.J., Smoak, J.M., Naidu, A.S., Sanders, L.M., Patchineelam, S.R., 2010. Organic carbon burial in a mangrove forest, margin and intertidal mud flat. Estuarine, Coastal and Shelf Science 90, 168-172.

Schaffelke, B., Mellors, J., Duke, N.C. 2005. Water quality in the Great Barrier Reef region: responses of mangrove, seagrass and macroalgal communities. Marine Pollution Bulletin 51, 1-4, 279-296.

Singh, G., Ramanathan, A.L., Prasad, M.B.K., 2005. Nutrient cycling in mangrove ecosystem: a brief overview. Int. J Ecol. Environ. Sci. 30, 231–244.

Sjöling S., Mohammed, S.M., Lyimo, T.J., Kyaruzi, J.J., 2005. Benthic bacterial diversity and nutrient processes in mangroves: impact of deforestation. Estuarine, Coastal and Shelf Science 63, 397-406.

Spalding, M.D., Blasco, F., Field, C.D., 1997. World Mangrove Atlas. International Society for Mangrove Ecosystems, Okinawa, Japan, 178 p.

Thibodeau, F.R., Nickerson, N.H., 1986. Differential oxidation of mangrove substrate by Avicennia germinans and Rhizophora mangle. American Journal of Botany 73, 512–516.

Tue, N.T., Ngoc, N.T., Quy, T.D., Hamaoka, H., Nhuan, M.T., Omori, K., 2012. A cross-system analysis of sedimentary organic carbon in the mangrove ecosystems of Xuan Thuy National Park, Vietnam. Journal of Sea Research 67, 69–76.

Tue, N.T., Hamaoka, H., Sogabe, A., Quy, T.D., Nhuan, M.T., Omori, K., 2011. Sources of sedimentary organic carbon in mangrove ecosystems from Ba Lat Estuary, Red River, Vietnam. In: Omori, K., et al. (Ed.), Modeling and Analysis of Marine Environmental Problems. TERRAPUB, Tokyo, pp. 151–157.

Twilley, R.R., Chen, R.H., Hargis, T., 1992. Carbon sinks in mangrove forests and their implications to the carbon budget of tropical coastal ecosystems. Water Air Soil Pollut. 64, 265-288.

Ukpong, I.E., 1997. Vegetation and its relation to soil nutrient and salinity in the Calabar mangrove swamp, Nigeria. Mangroves Salt Marshes 1, 211-218.

Ukpong, I. E., 1995. Mangrove soils of the Creek Town, Creek/Calabar River, South eastern Nigeria. Tropical Ecology 36, 103-115.

Vieillefon, J., 1977. Les Sols des Mangroves et des Tannes de Basse Casamance (Sénégal): Importance du Comportement Géochimique du Soufre dans leur Pédogénèse. ORSTOM Paris, 83, 291 p.

Vieillefon, J., 1969. La pédogénèse dans les mangroves tropicales. Un exemple de chronoséquence. In Sciences du Sol, Supl. Au Bull. Ass. Fr. Et. du Sol, ORSTOM, 114-149.

Walters, B.B., Rönnbäck, P., Kovacs, J.M., Crona, B., Hussain, S.A., Badola, R., Primavera, J.H., Barbier, E., Dahdouh-Guebas, F., 2008.

Ethnobiology, socio-economics and management of mangrove forests: A review. Aquatic Botany 89, 2, 220-236.

Wolanski, E., 2007. Estuarine ecohydrology. Elsevier, Amsterdam, 157 p.

Acknowledgements

This work is a contribution to the "HySo Project", an international collaboration between Universities of Rouen (France) and Dakar (Senegal). One of author is supported by CNRS grant (Bourse Doctorat-Ingénieur). The authors also give many thanks to Marie Gspann for English translation and Dr. David Sébag for the comments. We would like to thank : Souleymane Sakho, Abdoulaye Sakho, Mbaye bis, Ousmane Diao and Touré dit Zizou, for their assistance in the field.

CAPTIONS

Figure 1. Study site (Somone River correspond to the Channel)

Figure 2. Porewater chemistry (st. = station)

Figure 3. Physico-chemical properties of sediments

Figure 4. Spectrum of the pyrite in the Somone mangrove sediments

Figure 5. Characterization of sedimentary organic matter through Rock -Eval Pyrolysis

Figure 6. Organic matter sources in the Somone mangrove sediments

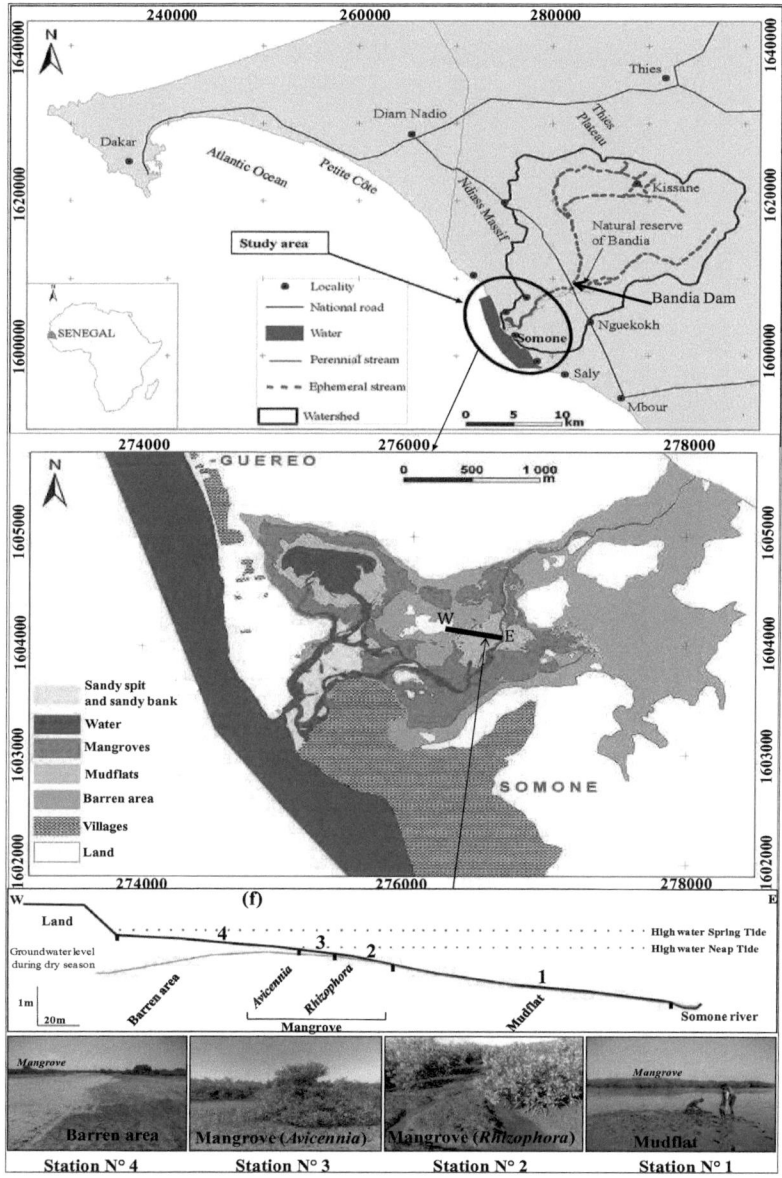

Figure 1.

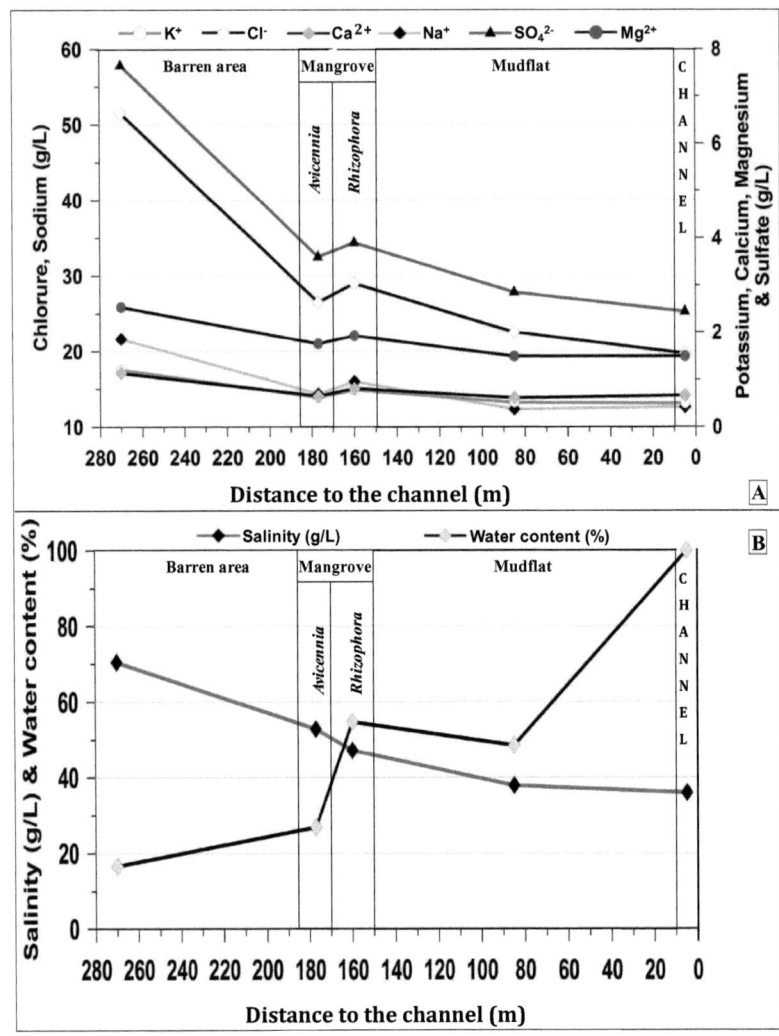

Figure 2.

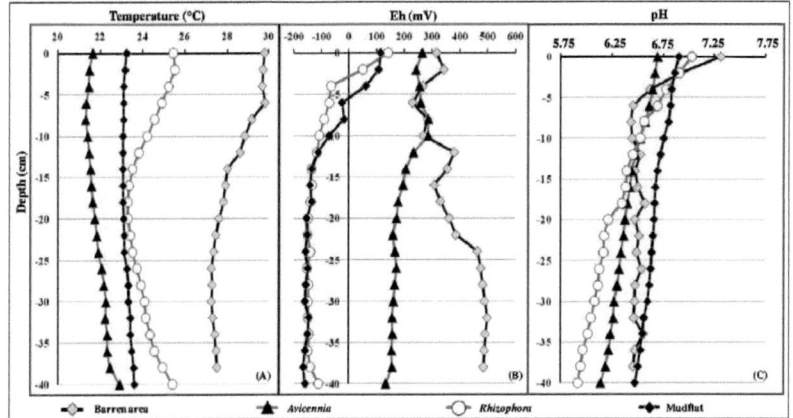

Figure 3.

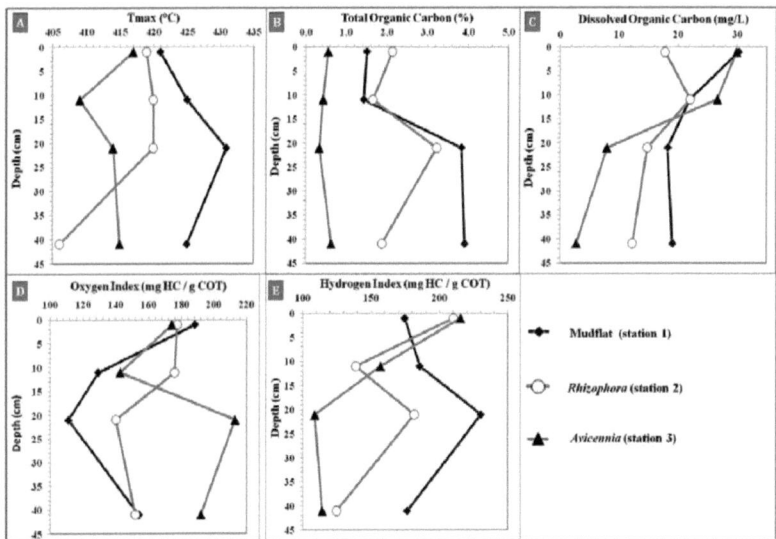

Figure 4.

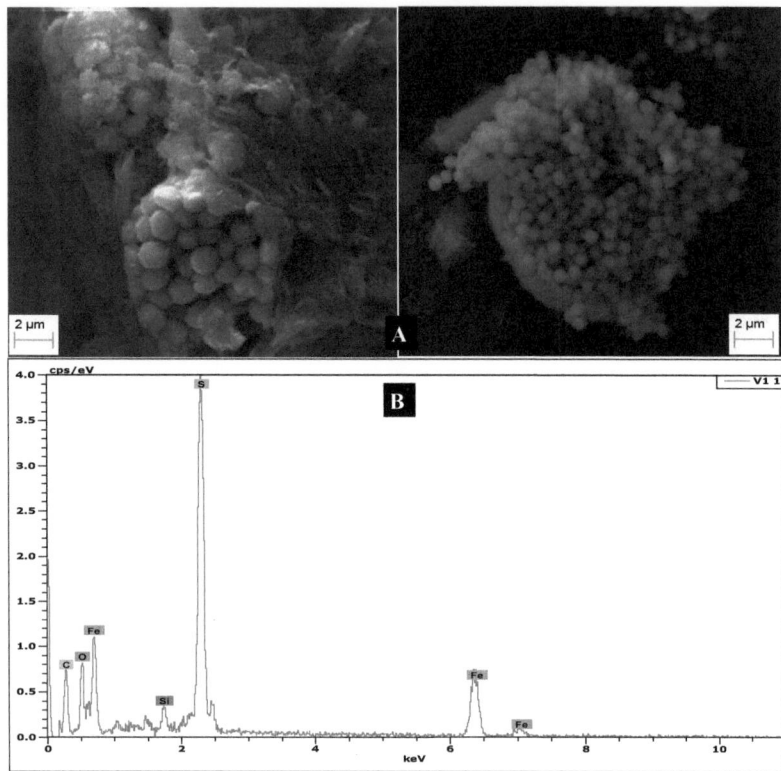

Figure 5.

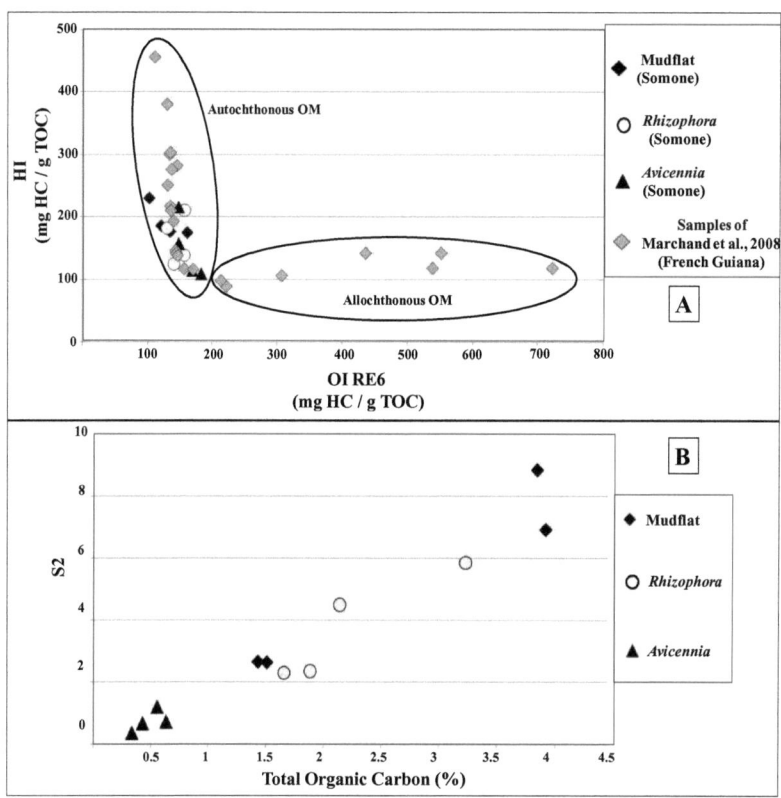

Figure 6.

V Conclusions

La Somone est un écosystème mixte caractérisé par un double fonctionnement. Il est inverse à 70 % du temps (décembre à juillet) et « normal » à seulement 30 % (août à novembre). L'inversion du gradient de salinité est surtout exacerbée par l'absence d'apport d'eau douce de surface par la rivière de la Somone. Les seuls apports en eau douce se font par l'intermédiaire des pluies et de la nappe, qui est sub-affleurante dans cette zone de cuvette. L'analyse physico-chimique des sédiments met en évidence un milieu acide et réduit où les processus diagénétiques se font en anaérobiose. Ces processus diagénétiques se manifestent essentiellement dans les 10 premiers cm du sédiment, sur du dépôt récent (Sakho *et al.*, 2011). Le taux de sédimentation est faible, 2 à 3 mm.an^{-1}. La lagune de la Somone est essentiellement sous contrôle tidal et le remaniement interne est le processus hydro-sédimentaire dominant. Les faibles teneurs des sédiments en carbone organique total, < 4 %, témoigne de la faible production de la mangrove en matière organique car, il s'agit d'une mangrove jeune et de forme rabougrie. L'absence d'apports terrigènes, le faible taux de sédimentation, donc faible apport de matière organique d'origine marine et terrestre, expliquent également ce faible pourcentage en COT des sédiments. La matière organique des sédiments de la Somone est donc essentiellement d'origine ligno-cellulosique. Ainsi, La contribution de l'écosystème de mangrove de la Somone dans le processus de stockage du carbone organique est faible.

CONCLUSIONS GENERALES ET PERSPECTIVES

Nous avons choisi dans cette thèse de travailler sur deux échelles temporelles différentes mais complémentaires : le pluri-décennale et l'annuel. L'étude à l'échelle pluri-décennale, 60 ans, a permis de comprendre l'évolution spatio-temporelle de tous les faciès, internes et externes de la lagune de la Somone. Au niveau des faciès internes, la mangrove a connu l'évolution la plus remarquable. Pour les faciès externes, c'est la flèche sableuse, à l'embouchure de la Somone, qui a surtout été marquée par une dynamique sédimentaire très active. Ainsi, ces analyses sur cette période long-terme, nous a permis de mettre en évidence les faciès les plus mobiles du système laguno-estuarien de la Somone. Il s'agit de la flèche sableuse et de la mangrove. Le recul des surfaces de mangrove a mis en place des vasières nues, qui jouent un rôle important dans le réseau trophique des systèmes côtiers car, elles sont riches en nutriments. Ainsi, nous avons expérimenté ces deux faciès, vasières nues et flèche sableuse, afin de comprendre le fonctionnement hydrosédimentaire et géochimique actuel de la l'écosystème de la Somone, de l'échelle saisonnière à l'échelle annuelle.

Mis en place à l'holocène sur un substratum géologique constitué de formations gréseuses du Maastrichtien, l'écosystème de la Somone, en saillie sur la côte, est sous influence d'un régime microtidal avec une marée de type semi-diurne. Il appartient au domaine climatique sahélo-soudanien, caractérisé par une longue saison sèche (novembre à mai) et une courte saison des pluies (juin à octobre). La variabilité interannuelle des précipitations est forte et la présence des barrages dans la zone amont a entraîné l'absence d'un écoulement de surface jusqu'à l'embouchure. Dans la lagune, les apports d'eau douce par la rivière sont donc inexistants. La Somone est alors un système lagunaire essentiellement sous contrôle tidal.

La lagune de la Somone présente quatre principales unités morphologiques : la flèche sableuse à l'embouchure, la mangrove, la vasière et les tannes. L'embouchure est une zone hydrodynamiquement active alors que les trois autres unités sont en zone plus abritée. La mangrove, caractéristique principale de la lagune, est à dominance de *Rhizophora*, et les quelques rares *Avicennia* observés sont en situation de relique au contact du tanne et parfois même de la terre ferme. L'analyse morphologique de l'écosystème au cours des 60 dernières années a montré que la mangrove et l'embouchure ont subi des évolutions diachroniques spectaculaires et remarquables surtout sur deux grandes périodes : 1970-1989 et 1990-2006.

✓ Dynamique spatio-temporelle de la mangrove de la Somone

La lagune de Somone est de petite de taille, 7 km^2, mais illustre parfaitement les contraintes naturelles et anthropiques qui pèsent sur les littoraux tropicaux colonisés par la mangrove. L'évolution spatio-temporelle des différentes unités morphologiques de l'écosystème est très remarquable sur la période 1946–2006, en particulier la mangrove. Les surfaces de mangrove sont passées de 1,5 km^2 en 1946 à 0,1 km^2 en 1989. De 1990 à 2006, les surfaces de mangrove ont augmenté d'environ 1 km^2. En effet, l'analyse des facteurs d'évolution montre que l'activité anthropique à travers les usages du bois de mangrove pour des besoins domestiques mais aussi la récolte des huîtres, est une des causes principales du déclin de la mangrove entre 1946 et 1989. La dynamique de l'embouchure de la Somone, marquée par deux fermetures, en 1967-1969 puis en 1987, est un des facteurs naturels responsables de la dégradation de la mangrove entre 1954 et 1989. La sécheresse des années 1970 à 1980 a également contribué à la diminution des surfaces de mangrove. Toutefois, c'est l'effet conjugué de ces facteurs naturels et anthropiques qui a été déterminant dans l'évolution régressive des surfaces de mangrove de la Somone. Par ailleurs, la régénération de la mangrove (période 1990-2006), bien que soutenue par des conditions environnementales favorables avec un renouvellement biquotidienne des eaux de l'écosystème par la marée, est principalement due aux politiques de reforestations administrées par les pouvoirs politiques, les institutions privées en collaboration avec les populations locales. La mise en réserve de l'écosystème a également été déterminante dans le processus de restauration et de protection de la lagune de la Somone. Les mangroves de la lagune de la Somone apparaissent comme de véritables enregistreurs d'événements climatiques mais aussi de bons indicateurs de l'évolution côtière. Cette étude a montré que les mangroves de la Somone sont remplacées par des vasières nues et non par des tannes, comme c'est le cas au Saloum et en Casamance par exemple. Elle a montré que l'écosystème mangrove est très fragile et que les dommages subis par les mangroves de la Somone sont réversibles à des pas de temps courts lorsque les conditions environnementales sont favorables, c'est-à-dire le renouvellement permanent des eaux de la lagune par la marée. L'intervention des autorités politiques et des Organisations Non Gouvernementales, en collaboration avec les populations locales, est fondamentale pour la restauration de cet écosystème de mangrove.

✓ Morphodynamique de l'embouchure de la Somone

L'embouchure de la Somone, située dans une zone de faible transit sédimentaire, entre 10 500 et 300 000 $m^3.an^{-1}$, se caractérise principalement par sa flèche sableuse développée dans le sens contraire à la dérive littorale générale.

La dynamique sédimentaire varie en fonction de la saison. L'engraissement de la flèche sableuse se fait pendant la saison sèche sous l'effet conjugué des houles de NW, des houles d'Ouest et des fortes vitesses de vent, supérieures à 4 $m.s^1$. La saison humide, est dominée par des processus d'érosion côtière. Les houles de SW, se manifestant pendant cette période, semblent être à l'origine de cette érosion, qui parfois même, peut conduire à une destruction complète de la plage, comme ce fut le cas en août 2008. Le flux sédimentaire annuel mesuré sur la flèche entre 2008 et 2009 est faible, de l'ordre de 4 660 $m^3.an^{-1}$. L'étude de la mobilité de l'embouchure sur plusieurs décennies, 60 ans, montrent clairement deux périodes d'évolution. La période de 1960 à 1990 est agitée et marquée par des fermetures de l'embouchure, en 1967-1969 puis en 1987 et une inversion de flèche en 1974. Une des spécificités de la flèche de la Somone, hormis sa direction de migration vers le Nord, donc dans le sens contraire à la dérive littorale générale, est qu'en période de tempête avec des houles de NW, elle enregistre des processus d'engraissement important conduisant parfois à des comblements comme ce fut le cas en 1967-1969 et en 1987, tandis que les autres flèches du Sénégal sont marquées par des ruptures. La deuxième période, de 1990 à 2006, caractérisée par de faibles variations météorologiques, peut être considérée comme une période calme du point de vue de la dynamique sédimentaire. Ainsi, l'évolution pluri-décennale du littoral de la Somone, observée sur une période de 60 ans (1946-2006), se corrèle bien avec l'importance des variations saisonnières observées entre 2008 et 2009. La flèche sableuse constitue ainsi une cellule sédimentaire indépendante où les variations annuelles, flux sédimentaire d'environ 4 660 $m^3.an^{-1}$, et pluri-décennales, -400 à +1 400 $m^3.an^{-1}$, sont importantes. Ce flux sédimentaire annuel est du même ordre de grandeur que les prélèvements humains, 2 000 $m^3.an^{-1}$ au maximum. Les fermetures de la flèche ont eu un fort impact sur l'évolution des faciès internes notamment la mangrove. La mobilité de cette embouchure micro-tidale est donc très déterminante et son ouverture permanente, permettant les entrées et les sorties d'eaux, est fondamentale pour le bon état écologique de la lagune de la Somone.

✓ Fonctionnement hydro-sédimentaire de la lagune

Le fonctionnement hydro-sédimentaire de la lagune de la Somone est essentiellement fonction de la saison. A travers le régime de salinité, la Somone est un écosystème mixte avec un double fonctionnement. Il est inverse à 70 % du temps (décembre à juillet) et « normal » à seulement 30 % (août à novembre). Les apports en eau douce se font uniquement par l'intermédiaire des pluies et de la nappe. Les apports par la rivière de la Somone sont inexistants. L'analyse physico-chimique des sédiments, met en évidence un milieu acide et réduit où les processus diagénétiques se font en anaérobiose. Ces processus diagénétiques se manifestent essentiellement dans les 10 premiers cm du sédiment, sur du dépôt récent (de 1954 à aujourd'hui). Le taux de sédimentation est faible, 2 à 3 $mm.an^{-1}$. Ce système lagunaire est essentiellement sous contrôle tidal et le remaniement interne est le processus hydro-sédimentaire dominant. Les faibles teneurs des sédiments en carbone organique total, < 4 %, témoigne de la faible production de la mangrove en matière organique car, il s'agit d'une mangrove jeune et de forme rabougrie qui subit les conditions drastiques du milieu physique. La matière organique des sédiments de la Somone est essentiellement d'origine ligno-cellulosique. Ainsi, La contribution de l'écosystème de mangrove de la Somone dans le processus de stockage du carbone est faible.

En conclusion, la lagune de Somone est un écosystème côtier aux équilibres très fragiles. Elle est très sensible aux variations du climat et/ou à la pression anthropique. Il ressort par conséquent que **l'ouverture permanente de l'embouchure** est fondamentale pour l'équilibre écologique de l'écosystème en général et la survie de la mangrove en particulier. La mise en réserve de la lagune, l'interdiction des activités d'extraction de sables de plage et des coupes de bois de mangrove ainsi que la surveillance de ces pratiques par les éco-gardes, sont essentielles et doivent être maintenues. Les campagnes de reboisement constituent une bonne procédure pour soutenir la régénération naturelle et le bon développement de la mangrove. Ces mesures de protection et de restauration sont donc fondamentales pour l'avenir de la lagune et pour une gestion durable de cet écosystème côtier à forte valeur écologique et socio-économique.

Perspectives de la Recherche

A l'issue de ce travail de recherche, subsistent quelques questions scientifiques qui pourraient permettre de mieux comprendre le fonctionnement hydro-sédimentaire de la lagune de la Somone :

✓ Etudier l'avant côte de la Somone dans le secteur de l'embouchure afin de valider notre schéma de fonctionnement hydro-sédimentaire de la flèche sableuse de la Somone. Des mesures sismiques à haute résolution et des enregistrements vidéo, permettront de caractériser la morphologique et les mouvements sédimentaires de ce fond marin. Des mesures courantométriques dans la passe sont aussi nécessaires. Il serait également intéressant de poursuivre les mesures topographiques sur la flèche sableuse avec un suivi mensuelle sur une année complète afin de mieux comprendre le fonctionnement annuel de la flèche.

✓ Poursuivre l'étude à haute fréquence des processus d'érosion et de dépôt à la surface de la vasière. Il s'agira de coupler aux mesures altimétriques, des mesures de turbidité avec un OBS. Couplée à des mesures de courantométrie au cours de cycles vives-eaux / mortes-eaux, cette étude permettra de discriminer le rôle de la marée de celui du vent sur l'évolution topographique de la vasière.

✓ Faire une étude quantitative et qualitative des matières en suspension (MES) des eaux de surface de la lagune de la Somone. La technique des perches, permettra d'échantillon la colonne d'eau au-dessus de la vasière à chaque marée haute. Ces échantillons serviront aux analyses quantitatives (concentrations en MES) et qualitatives (observation des filtres de MES au MEB, caractérisation de la MO des MES par pyrolyse Rock-Eval).

✓ Poursuivre l'étude de la qualité des eaux interstitielles de la lagune de la Somone. Il s'agira aussi de valider la méthode des dialyseurs en définissant un temps optimal d'équilibration, spécifique à la saison sèche. L'expérimentation en saison sèche permettra de pallier aux phénomènes de dilution des eaux interstitielles observés lors du suivi pendant la saison des pluies.

REFERENCES BIBLIOGRAPHIQUES

Aboudha, P. A. W. and Kairo, J. G., **2001**. Human-induced stresses on mangrove swamps along the Kenyan coast. Hydrobiologia, 458, 255-265.

Albert, P., Jorge, G., **1998**. Coastal changes in the Ebro delta: natural and human factors. Journal of Coastal Conservation, 4, 17-26.

Alongi, D.M., **2008**. Mangrove forests: Resilience, protection from tsunamis, and responses to global climate change. Estuarine, Coastal and Shelf Science, 76, 1-13.

Anthony, E.J., **2009**. Shore processes and their palaeoenvironmental applications. Developments in Marine Geology, 4, *Elsevier*, 519 p.

Anthony, E.J., **2004**. Sediment dynamics and morphological stability of estuarine mangrove swamps in Sherbro Bay, West Africa. Marine Geology, 28, 207-224.

Anthony, E.J., **1991**. Coastal progradation in response to variations in sediment supply, wave energy and tidal range: example from Sierra Leone, West Africa. Géodynamique, 6, 1, 57-70.

Bâ (Diara), M., Barusseau, *I.P.,* Descamps, C., Diouf, B., **1996**. Recent quaternary sedimentary and climatic changes in the Saloum delta (Senegal). Ed. Universidad de Las Palmas de Gran Canaria, UNESCO, IUGS, Climates of the past, 29-36.

Bâ (Diara), M., Pesin, A., Diouf, B., **1995**. Evolution côtière au Sénégal. Les flèches sableuses de la Langue de Barbarie et de Sangomar, Rapport Final EPEEC, UNESCO, 1-8.

Bacon, P. R., and Alleng, G. P., **1992**. The management of insular Caribbean mangroves in relation to site location and community type. Hydrobiologia, 247, 235-241.

Balouin, Y., **2001**. Les embouchures mésotidales (tidal inlets) et leur relation avec les littoraux adjacents. Exemple de la Barra Nova, Sud Portugal. Thèse de Doctorat, Université de Bordeaux I, 302 p.

Bally G., Mesnage, V., Deloffre, J., Clarisse O., Lafite R., Dupont, J.-P., **2004**. Chemical characterization of porewaters in an intertidal mudflat of the Seine estuary: relationships to erosion-deposition cycles. Marine Pollution Bulletin, 49, 3, 163-173.

Bally, G., **2003**. L'étude de la dynamique d'échange du phosphore dans les sédiments d'une vasière de l'estuaire de Seine. Thèse de Doctorat, Université de Rouen, 209 p.

Baltzer, F., Lafond, L.R., **1971**. Marais maritimes tropicaux. Revue de Géographie physique et de Géologie dynamique, 13 (2), 173-196.

Barry, B., Obuobie, E., Andreini, M., Andah, W., Pluquet, M., **2005**. The Volta River Basin. Comparative study of river basin development and management. Rapport, IWMI, CAWMA, 198 p.

Barusseau, J.P., **1984**. Analyse sédimentologique des fonds marins de la Petite Côte (Sénégal). CRODT, N° 94, 25 p.

Barusseau, J.P., **1980**. Essai d'évaluation des transports littoraux sableux sous l'action des houles entre Saint-Louis et Joal (Sénégal). Bulletin de Liaison, ASEQUA, n°58-59, 39-61.

Bellion, Y., **1987**. Histoire géodynamique post-paléozoïque de l'Afrique de l'Ouest d'après l'étude de quelques bassins sédimentaires (Sénégal, Taoudeni, Iullemmeden, Tchad). Thèse d'Etat, Université d'Avignon et des Pays de Vaucluse, 302 p.

Bellion, Y., Hébrard, L., Robineau, B., **1984**. Sismicité historique de l'Afrique de l'Ouest, essai d'inventaire, Remarques et commentaires. Bull. Ass. Sénégal. Et. Quatern. Afr, 72-73, 57-71.

Beltrando, G., Charre, J., Douguedroit, A., **1986**. Régionalisation des variations temporelles récentes des précipitations de la zone soudano-sahélienne (de l'océan indien à l'océan atlantique). INQUA Symposium « Changements globaux en Afrique », Dakar, 1986, 25-28.

Benga, E., **1984**. Etude géomorphologique de la mangrove de l'estuaire de la Somone. Rapport "Etude des mangroves et estuaires du Sénégal Saloun et Somone », 88 p., UNESCO-EPEEC, 55-70.

Bertrand, F., **1999**. Mangrove dynamics in the Rivieres du Sud area, West Africa: an ecogeographic approach. Hydrobiologia, 413, 115-126.

Bird, E.C.F., **1985**. Coastline changes. A global review. John Wiley & Sons, Chichester, New York, Brisbane, Toronto, Singapore, 219 p.

Blasco, F., Carayon, J.L., **2000**. Les mangroves et le niveau de la mer. In : Le Changement climatique et les espaces côtiers. Actes du Colloque euro-méditerranéen, Université d'Arles (France), 12-13 octobre 2000, 24-27.

Blasco F. **1991**. Les mangroves. La Recherche, 231, 444-453.

Bornman, T.G., and Adams, J.B., **2010**. Response of a hypersaline salt marsh to a large flood and rainfall event along the west coast of southern Africa. Estuarine, Coastal and Shelf Science, 87, 378-386.

Bosire, J.O., Dahdouh-Guebas, F., Kairo, J.G., Koedam, N., **2003**. Colonization of non-planted mangrove species into restored mangrove stands in Gazi Bay, Kenya. Aquatic Botany, 76, 267-279.

Bouillon, S., Borges, A.V., Castaneda-Moya, E., Diele, K., Dittmar, T., Duke, N.C., Kristensen, E., Lee, S.Y., Marchand, C., Middelburg, J.J., Rivera-Monroy, V.H., Smith III, T.J., Twilley, R.R., **2008**. Mangrove production and carbon sinks: A revision of global budget estimates. Global Biogeochemical Cycles, 22, 1-12.

Bouillon, S., Dehairs, F., Schiettecatte, L.S., Borges, A.V., **2007a**, Biogeochemistry of the Tana estuary and delta (northern Kenya), Limnol. Oceanogr., 52, 46-59.

Bourcart, J., Boillot, G., **1960**. La répartition des sédiments dans la baie du Mont saint-Michel. Revue de Géographie Physique et de Géologie Dynamique, (2), vol. III, fasc. 4, 189-199.

Bouteyre, G., Loyer, J.Y., **1992**. Sols salés, eaux saumâtres, des régions arides tropicales et méditerranéennes : principaux faciès, conséquences pour l'agriculture. In Le Floc'h.E, Grouzis.M, Cornet.A, Bille.J.C (1992). L'aridité : une contrainte au développement. Edition de l'ORSTOM, Paris, 69-80.

Cadamuro, L., **1999**. Structure et dynamique des écosystèmes inondables (forêt marécageuse, mangrove) du bassin du Sinnamary (Guyane Française). Thèse de Doctorat, Université Paul Sabatier-Toulouse III, 228 p. + annexes.

Cannicci, S., Burrows, D., Fratini, S., Smith III, T.J., Offenberg, J., Dahdouh-Guebas, F., **2008**. Faunistic impact on vegetation structure and ecosystem function in mangrove forests: A review. Aquatic Botany, 89, 186-200.

Cardona, P., and Botero, L., **1998**. Soil Characteristics and Vegetation Structure in a Heavily Deteriorated Mangrove Forest in the Caribbean Coast of Colombia. Biotropica, 30, 1, 24-34.

Carignan, R., **1984**. Interstitial water sampling by dialysys: Methodological notes. Limnology and Oceanography, 29, 667-670.

Casal, G., Sanchez-Carnero, N., Sanchez-Rodriguez, E., Freire, J., **2011**. Remote sensing with SPOT-4 for mapping kelp forests in turbid waters on the south European Atlantic shelf. Estuarine, Coastal and Shelf Science, 91, 371-378.

Castelain, J., **1965**. Aperçu stratigraphique et micropaléontologique du bassin du Sénégal, historique de la découverte paléontologique. Mém. BRGM, 32, 135-159.

Castelle, B., Bourget, J., Molnar, N., Strauss D., Deschamps, S., Tomlinson, R., **2007**. Dynamics of a wave-dominated tidal inlet and influence on adjacent beaches, Currumbin Creek, Gold Coast, Australia. Estuarine, Coastal and Shelf Science, 54, 77-90.

Chen, G.C., Ye, Y., **2011**. Restoration of Aegiceras corniculatum mangroves in Jiulongjiang Estuary changed macro-benthic faunal community. Ecological Engineering, 37, 224-228.

Chen, R., Twilley, R.R., **1999**. A simulation model of organic matter and nutrient accumulation in mangrove wetlands soils. Biogeochemistry, 44, 93-118.

Chong, V.C., Sasekumar, A., Wolanski, E., **1996**. The role of mangroves in retaining penaeid prawn larvae in Klang Strait, Malaysia. Mangroves and salt marshes, 1, (1), 11-22.

Cooper, J.A.G., **2001**. Geomorphological variability among microtidal estuaries from the wave-dominated South African coast. Geomorphology, 40, 99-122.

Copard, Y., Di-Giovanni, Ch., Martaud, T., Albéric, P., Ollivier, J. E., **2006**. Using Rock-Eval 6 pyrolysis for tracking fossil organic carbon in modern environments: implications for the roles of erosion and weathering. Earth Surf. Proc. Land., 31, 135-153.

Coppens, A.B., **1981**. Simple equations for the speed of sound in Neptunian waters (with comparisons to other equations). Journal of Acoustic Society of America, 69, 862-863.

Cormier-Salem, M.C., **1999**. The mangrove: an area to be cleared for social scientists. Hydrobiologia, 413, 135–142.

Cormier-Salem, M.C., **1994**. Dynamique et usages de la mangrove dans les pays des rivières du sud. Edition de l'ORSTOM, Paris, 351 p.

Dahdouh-Guebas, F., Koedam, N., **2008**. Long-term retrospection on mangrove development using transdisciplinary approaches: A review. Aquatic Botany, 89, (2), 80-92.

Dai A. Lamb, P.J. Trenberth, K.E. Hulme, M., Jones, P.D., Xie, P., **2004**. The recent Sahel Drough is real. International Journal of Climatology 24, 1323–1331.

Day Jr., J. W., Coronado-Molina, C., Vera-Herrera, F. R., Twilley R., Rivera-Monroy, V. H., Alvarez-Guillen, H., Day, R., Conner, W., **1996**. A 7-year record of above-ground net primary production in a southeastern Mexican mangrove forest. Aquatic Botany, 55, 39-60.

Day, J., Conner, W., Ley-Lou, F., Day, R., Machado, A., **1987**. The productivity and composition of mangrove forests, Laguna de Terminos, Mexico. Aquatic Botany, 27, 267-284.

Deloffre, J., Verney, R., Lafite, R., Lesueur, P., Lesourd, S., Cundy, A.B., **2007**. Sedimentation on intertidal mudflats in the lower part of macrotidal estuaries: Sedimentation rhythms and their preservation. Marine Geology, 241, 19-32.

Deloffre, J., **2005**. La sédimentation fine sur les vasières intertidales en estuaires macrotidaux : processus, quantification et modélisation de l'échelle semi-diurne à l'échelle pluriannuelle. Thèse de doctorat, Université de Rouen, 236 p.

Demagny B., Rocchy, D., de Montaignac de Chauvance, P., **1974**. Les mangroves de Guadeloupe. O.N.F. / A.D.E.E.A.R.; 73 p.

Dewidar, K.M., Frihy, O.M., **2010**. Automated techniques for quantification of beach change rates using Landsat series along the North-eastern Nile Delta, Egypt. Journal of Oceanography and Marine Science, 1(2), 028-039.

Diara, M., **1999**. Formation et évolution fini-holocène et dynamique actuelle du delta Saloum-Gambie (Sénégal-Afrique de l'ouest). Thèse Sci. Nat., Université de Perpignan, 161 p.

Diaw, A.T., **1997**. Evolution des milieux littoraux du Sénégal. Géomorphologie et Télédétection. Thèse de Doctorat d'Etat ès Lettres, Université de Paris I / Panthéon Sorbonne, Paris, 270 p.

Dieppois, B., Durand, A., Fournier, M., Massei, N., Sebag, D., Hassane, B., **2011**. Variabilité des précipitations au Sahel Central et recherche du forçage climatique par analyse du signal : exemple de la station de Maïne-Soroa (SE Niger) entre 1950-2005. Pangea, 47 (sous presse).

Di-Giovanni, C., Disnar, J.R., Bichet, V., Campy, M., Guillet, B., **1998**. Geochemical characterization of soil organic matter and variability of a past glacial detrital organic supply (Chaillexon Lake, France). Earth Surface Processes and Landforms, 23, 1057-1069.

Diop, M., Konate, M., **2005**. L'approche écosystémique, et la gestion par bassin versant : le cas de la Somone. Rapport Diiso, 4, 12-13.

Diop, E.S., **1990**. La côte ouest africaine du Saloum (Sénégal) à la Mellacorée (République de Guinée). Collection Etudes et Thèses, éditions de l'ORSTOM, Paris, 381 p.

Diop, E.S., Soumaré, A., Diallo, N., Guissé, A., **1997**. Recent changes of the mangroves of the Saloum River Estuary, Senegal. Mangrove and Salt Marshes, 1, 163-172.

Diop, E.S., Sall, M.M., **1986**. Estuaires et mangroves en Afrique de l'Ouest : Evolution et changements du Quaternaire Récent à l'Actuel. Symposium ASEQUA/INQUA, Dakar, 5 p.

Diouf, P.S., **1996**. Les peuplements de poissons des milieux estuariens de l'Afrique de l'Ouest : l'exemple de l'estuaire hypersalin du Sine-Saloum. Thèse de Doctorat, Université de Montpellier II, 267 p.

Disnar, J.R., Guillet, B., Keravis, D., Massif, R., Di-Giovanni, C., **2000**. Soil organic matter (SOM) characterization by Rock-Eval pyrolysis: main classical parameters. 10th International Meeting of the International Humic Substances Society, 24-28 juillet 2000, Toulouse, France. IHSS, 2, 1211-1214.

Disnar, J.R., Trichet, J., **1984**. The influence of various divalent cations (UO_2^{2+}, Cu^{2+}, Pb^{2+}, Co^{2+}, Ni^{2+}, Zn^{2+}, Mn^{2+}) on thermally induced evolution of organic matter isolated from an algal mat. Org. Geochem., 6, 865-874.

Dolan, R., Hayden, B.P., Heywood, J., **1978**. A new photogrammetric method for determining shoreline erosion. Coastal Engineering, 2, 21-39.

Domain, F., **1977**. Carte sédimentologique du plateau continental sénégambien. Extension à une partie du plateau continental de la Maurtitanie et de la Guinée Bissau. Notice explicative n° 68, ORSTOM, Paris.

Domain, F., **1972**. Poissons démersaux du plateau continental sénégambien. ORSTOM, D.S.P., 38 p.

Douglas, B.C., Crowell, M., **2000**. Long-term shoreline position prediction and error propagation. Journal of Coastal Research, 16, 145-152.

Dubois, R.N., **1989**. Seasonal variation of mid-foreshore sediments at a Delaware beach. Sediment. Geol., Amsterdam, 61 (1/2), 37-47.

Ducasse, O., Dufaure, PH., Flicoteaux, R., **1978**. Le passage de l'Eocène inférieur à l'Eocène moyen dans la presqu'île du Cap-Vert (Sénégal occidental). Révision micropaléontologique et synthèse stratigraphique dans : Contribution à la connaissance de la microfaune des bassins de l'Ouest africain, 28 p.

Duke, N.C., Meynecke, J.-O., Dittmann, S., Ellison, A.M., Anger, K., Berger, U., Cannicci, S., Diele, K., Ewel, K.C., Field, C.D., Koedam, N., Lee, S.Y., Marchand, C., Nordhaus, I., Dahdouh-Guebas, F., **2007**. A world without mangroves ? Science, 317, 41-42.

Dwars, Heederik et Verhey Ingenieurs Conseils., **1979**. Etude de la protection du rivage de la Petite Côte. Rapport, Ministère Equipement, Rèp. Sénégal, 92 p.

Effiong, G.S., Ayolagha, G.A., **2010**. Characteristics, constraints and management of mangrove soils for sustainable crop production.

Electronic Journal of Environmental, Agricultural and Food Chemistry, 9 (6), 977-990.

Einsele, G., Herm, D., Swartz, H.U., **1974**. Sea-level fluctuation cluring the past 6000 Yl' at the coast of Mauritania. Quaternary Research, 4, 282-289.

Ellison, J.C., **1998**. Impacts of sediment burial on mangroves. Mar. Poll. Bull., 37, 420-426.

EL-Raey, M., Sharaf, El-Din.S.H., Khafagy, A.A., Abo Zed, A.I., **1999**. Remote sensing of beach erosion /accretion patterns along Damietta-Port Saïd shoreline, Egypt. International Journal of Remote Sensing, 20, 1087-1106.

Elster, C., **2000**. Reasons for reforestation success and failure with three mangrove species in Colombia. Forest Ecology and Management, 131, 201-214.

Eslami-Andargoli, L, Per, D., Sipe, N., Chaseling, J., **2010**. Local and landscape effects on spatial patterns of mangrove forest during wetter and drier periods: Moreton Bay, Southeast Queensland, Australia. Estuarine, Coastal and Shelf Science, 89, 53-61.

Espitalié, J., Deroo G., Marquis F., **1985**. La pyrolyse Rock-Eval et ses applications. Revue. Institut Français du Pétrole, 40(5) : 563-579, 40(6) : 755-784, 41 (1): 73-89.

European Commission., **2004**. Living with coastal erosion in Europe: sediment and space for sustainability.Part II Maps and statistics. Report Directorate General of Environment, European Commission, Brussels, 25 p.

Fall, S., Semazzi, F. H. M., Miyogi, D. D. S., Anyah, R. O. and Bowden, J., **2006**. Spatio-temporal climate variability over Senegal and its relationship to global climate. International Journal of Climatology, 26, 2057-2076.

FAO., **2007**. The World's mangroves 1980-2005. Rome, FAO Forestry Paper, 153, 89 p.

FAO., **1994**. Mangrove forest management guidelines. Rome, FAO Forestry Paper, 117, 319 p.

Faure, H., Gac, J.Y., **1981**. Will the sahelian drought end in 1985? Nature, 291, 5815, 475-478.

Faure, H., et Elouard, P., **1967**. Schéma de variations du niveau de l'Océan Atlantique sur la côte de l'Ouest de l'Afrique depuis 40 000 ans, CR. Acod. Sci. Paris, (D), t. 265 : 784-787.

Faye, I.B.ND., **2010**. Dynamique du trait de côte sur les littoraux sableux de la Mauritanie à la Guinée-Bissau (Afrique de l'Ouest) : Approches régionale et locale par photo-interprétation, traitement d'images et analyse de cartes anciennes. Thèse de Doctorat, Université de Bretagne Occidentale, 393 p.

Feller, I.C., McKee, KL., Whigham, DF., O'Neill, J.P., **2002**. Nitrogen vs. phosphorus limitation across an ecotonal gradient in a mangrove forest. Biogeochemistry, 62, 145-175.

Field, C. D., **1999**. Mangrove rehabilitation: choice and necessity. Hydrobiologia, 413, 47-52.

Folk, R.L., and Ward, W.C., **1957**. Brazos river bar: a study of the significance of grain size parameters. Journal of Sedim. Petrol, 27, 3-26.

Fujimoto, K., Imaya, A., Tabuchi, R., Kuramoto, S., Utsugi, H., Murofushi, T., **1999**. Belowground carbon storage of Micronesian mangrove forests. Ecol. Res., 14, 409–413.

Furukawa, K. and Wolanski, E., **1996**. Sedimentation in the mangrove forests. Mangroves and salt marshes, 1, 3-10.

Gao, S., Collins, M.B., Lanckneus, J., De Moor, G., Van Laneker, V., **1994**. Grain size trends associated with net sediment transport patterns: An example from the Belgian continental shelf. Marine Geology, 121, 171-185.

Giani, L., Bashan, Y., Holguin, G., Strangmann, A., **1996**. Characteristics and methanogenesis of the Balandra lagoon mangrove soils Baja California Suv, Mexico. Geoderma, 72, 149-160.

Gilman, E.L., Ellison, J., Duke, N.C., Field, C., **2008**. Threats to mangroves from climate change and adaptation options: A review. Aquatic Botany, 89, 237-250.

Giri, C., Pengra, B., Zhu, Z., Singh, A., Tieszen, L.L., **2007**. Monitoring mangrove forest dynamics of the Sundarbans in Bangladesh and India using multi-temporal satellite data from 1973 to 2000. Estuarine, Coastal and Shelf Science, 73, 91-100.

Gopinath, G., Seralathan, P., **2005**. Rapid erosion of the coast of Sagar island, West Bengal-India. Environmental Geology, 48, 1058-1067.

Guilcher, A., **1954**. Morphologie et dynamique des côtes sableuses de l'Afrique atlantique. Cahier de d'Inf. Géogr., Paris, 1, 57-68.

Guiral, D., **1994**. Structure fonctionnelle des écosystèmes de mangroves et spécificités des Rivières du Sud, 69-74, in M.C. Cormier-Salem (ed.), Dynamique et usages de la mangrove dans les pays des Rivières du

Sud (du Sénégal à la Sierra Leone). Orstom, Paris, coll. Colloques et Séminaires, 353 p.

Hapke, C.J., Reid, D., Richmond, B.M., Ruggiero, P., List, J., **2006**. National Assessment of shoreline change Part 3: Historical shoreline change and associated coastal land loss along sandy shorelines of the California coast. U.S. Geological Survey, Open-file Report, 1219, 72 p.

Hart, D.E., **2007**. River-mouth lagoon dynamics on mixed sand and gravel barrier coasts. Journal of Coastal Research, 50, 927-931.

Hashim, R., Kamali, B., Tamin, N.M., Zakaria, R., **2010**. An integrated approach to coastal rehabilitation: Mangrove restoration in Sungai Haji Dorani, Malaysia. Estuarine, Coastal and Shelf Science, 86, 118-124.

Hayes, M.O., **1980**. General morphology and sediment patterns in tidal inlets. Sedimentary Geology, 26, 139-156.

Hesslein, R. H., **1976**. An in situ sampler for close interval pore water studies. Limnol. Oceanogr., 21, 912-914.

Hogarth, P.J., **2007**. The Biology of Mangroves and Seagrasses. OXFORD University Press, Second Ed, 273 p.

Hubbard, D.K., Barwis, J.H., Nummedal, D., **1977**. Sediment transport in four South Carolina inlets. Am. Soc. Civil Eng., Proceedings Coastal Sediments, 77, 582-601.

Hulme, M., Doherty, R., Ngara, T., New, M., Lister, D., **2001**. African climate change: 1900-2100. Clim. Res., 17, 145-168.

Ibe, A.C., Quelennec, R.E., **1989**. Methodology for assessment and control of coastal erosion in West and Central Africa. UNEP Regional Seas Reports and Studies, 107, 107 p.

Jestin, H., Bassoullet, P., Le Hir, P., L'Yavanc, J., Degres, Y., **1998**. Development of ALTUS, high frequency acoustic submersible recording altimeter to accurately monitor bed elevation and quantify deposition and erosion of sediments. Ocean'98, Conference Proceedinds, 1/3, 189-194.

Jia, J.J., Gao, S., Xue, Y.C., **2003**. Sediment dynamic processes of the Yuehu inlet system, Shandong Peninsula, China. Estuarine, Coastal and Shelf Science, 57, 783-801.

Kairo, J.G., Dahdouh-Guebas, F., Bosire, J., Koedam, N., **2001**. Restoration and management of mangrove systems – a lesson for and from the East African region. South African Journal of Botany, 67, 383-389.

Kaly, J.L., **2001**. Contribution à l'étude de l'écosystème mangrove de la Petite Côte et essai de reboisement. Thèse de 3ème cycle, Université Cheikh Anta Diop de Dakar, 208 p.

Kamali, B., Hashim, R., **2011**. Mangrove restoration without planting. Ecological Engineering, 37, 387-391.

Kane, A., **1997**. L'après barrage dans la vallée du fleuve Sénégal. Modifications hydrologiques, morphologiques, géochimiques et sédimentologiques. Conséquences sur le milieu naturel et les aménagements hydro-agricoles. Thèse de Doctorat d'Etat, Université Cheikh Anta Diop, 551 p.

Kathiresan, K., Rajendran, N., **2005**. Coastal mangrove forests mitigated tsunami. Estuarine, Coastal and Shelf Science, 65, 601-606.

Kermarrec, A., et Salvat, B., **1978**. Mangroves et zone côtière: La mangrove de Guadeloupe et sa zone côtière - Antilles Françaises. D.G.R.S.T. Comité Gestion des Ressources Naturelles Renouvelables; Bulletin de liaison du groupe de travail, 3, 61 p.

Kitheka, J.U., Ongwenyib, G.S., Mavuti, K.M., **2003**. Fluxes and exchange of suspended sediment in tidal inlets draining a degraded mangrove forest in Kenya. Estuarine, Coastal and Shelf Science, 56, 655-667.

Kjerfve, B., **1990**. Manual for investigation of hydrological processes in mangrove ecosystems. UNESCO / UNDP Regional Project, 79 p.

Kraus, N.C., **1999**. Analytical model of spit evolution at inlets. Proceeding of Coastal Sediment, 99, ASCE, 1739-1754.

Kristensen, E., Bouillon, S., Dittmar., T., Marchand, C., **2008**. Organic carbon dynamics in mangrove ecosystems: A review. Aquatic botany, 89, 201-219.

Kumar, A., Jayappa, K.S., **2009**. Long and Short-term shoreline changes along Mangalore coast, India. International Journal of Environmental Research, 3, 177-188.

Lafargue, E., Marquis, F., Pillot, D., **1998**. Rock-Eval 6 applications in hydrocarbon exploration, production, and soil contamination studies. Revue. Institut Français du Pétrole, 53, 4, 421-437.

Lallier-Vergès, E., Perrussel, B.P., Disnar, J.R., Baltzer, F., **1998**. The relationship between environmental conditions and the diagenetic evolution of organic matter derived from higher plant in a present mangrove swamp system (Guadeloupe, French West Indies). Organic Geochemistry, 29, 1663-1686.

Lamagat, J.P, Loyer, J.Y., **1985**. Typologie des bassins-versants en Casamance. Table ronde sur les barrages antisels, Ziguinchor, 1-11.

Le Barbé, L., Lebel, T., Tapsoba, D., **2002**. Rainfall Variability in West Africa during the Years 1950-90. Journal of Climate, 15, 187-202.

Lebigre, J.M., **2004**. Mangroves et aires protégées. In : Lebigre, J.-M. et Decoudras P.M. Les aires protégées insulaires et littorales tropicales. Bordeaux, Université Michel de Montaigne, CRET, Coll. Iles et Archipels, 33, 111-120.

Lebigre, J.M., Fauroux, E., Moizo, B., Taillade, J., Vasseur, P., Chartier, C.H., Henry, P., **1997**. Milieux et Sociétés dans le Sud-Ouest de Madagascar. Presses Université de Bordeaux, 244 p.

Lebigre, J.M., Marius, C., Larques, P., **1989**. Les sols des marais maritimes du littoral occidental malgache. Cahiers ORSTOM, Série Pédologie, 25, 3, 277-286.

Lebigre, J.M., Marius, C., **1985**. Etude d'une séquence mangrove-tanne en milieu équatorial, Baie de la Mondah (Gabon). ORSTOM, 16, 912, 131-146.

Lee, T-M., Yeh, H-C., **2009**. Applying remote sensing techniques to monitor shifting wetland vegetation: A case study of Danshui River estuary mangrove communities, Taiwan. Wetland restoration and ecological engineering, 35, 487-496.

Leroux, M., **1981**. Le climat de l'Afrique tropicale. Bull. Iss. Sénégal. Er. Quatem. Afi. Dakar, 62-63, 33-42.

Leroux, M., Sagna, P., **2000**. Le climat. In : Atlas du Sénégal. Ed. Jeune Afrique, 16-19.

Lesueur, P., **1980**. Aspects dynamiques de la sédimentation dans la baie de Cartagena (Colombie). Bull. Inst. Géol. Bassin d'Aquitaine, Bordeaux, 28, 143-166.

Lopez-Medellin, X, Castillo, A., Ezcurra, E., **2011**. Contrasting perspectives on mangroves in arid Northwestern Mexico: Implications for integrated coastal management. Ocean & Coastal Management, 54, 318-329.

Lugo, A.E., Snedaker, S.C., **1974**. The ecology of mangroves. Ann. Rev. Ecol. Syst., 5, 39-64.

Lyimo, T.J., Mushi, D., **2005**. Sulfide concentration and redox potential patterns in mangrove forests of Dar es Salaam: Effects on Avicennia marina and Rhizophora mucronata seedling establishment. Western Indian Ocean Journal of Marine Sciences, 4, 2, 163-173.

Lyimo, T.J., Pol, A., Op den Camp, H.J.M., **2002**. Methane emission, sulphide concentration and redox potential profiles in Mtoni mangrove sediment, Tanzania. Western Indian Ocean Journal of Marine Sciences, 1, 71-80.

Marchand, C., **2003**. Origine et devenir de la matière organique des sédiments de mangrove de Guyane française. Précurseurs, Environnements de dépôt, Processus de décomposition et relation avec les métaux lourds. Thèse de Doctorat, Université d'Orléans, France, 286 p.

Marchand, C., Lallier-Vergès, E., Disnara, J.R., Kéravisa, D., **2008**. Organic carbon sources and transformations in mangrove sediments: A Rock-Eval pyrolysis approach. Organic Geochemistry, 39, 408-421.

Marchand, C., Albéric, P., Lallier-Vergès, E., Baltzer, F., **2006**. Distribution and characteristics of dissolved organic matter in mangrove sediments porewaters along the coastline of French Guiana. Biogeochemistry, 81, 59–75.

Marchand, C., Baltzer, F., Lallier-Vergès, E., Albéric, P., **2004**. Pore-water chemistryin mangrove sediments: relationship with species composition and developmental stages (French Guiana). Marine Geology, 208, 361-381.

Marchand, C., Lallier-Vergès, E., Baltzer, F., **2003**. The composition of sedimentary organic matter in relation to the dynamic features of a mangrove-fringed coast in French Guiana. Estuarine, Coastal and Shelf Science, 56, 119–130.

Marius, C., **1995**. Effets de la sécheresse sur l'évolution des mangroves du Sénégal et de la Gambie. Sécheresse, 6, 1, 123-126.

Marius, C., **1985**. Mangroves du Sénégal et de la Gambie: écologie, pédologie, géochimie, mise en valeur et aménagement. ORSTOM, Paris, 357 p.

Marius, C., et Lucas, J., **1982**. Evolution géochimique et exemple d'aménagement des mangroves au Sénégal (Casamance). Oceanologica Acta, Les lagunes côtières: Symposium international, Bordeaux, 151-160.

Martinuzzi, M., Gould, W.A., Lugo, A.E., Medina, E., **2009**. Conversion and recovery of Puerto Rican mangroves: 200 years of change. Forest Ecology and Management; 257, 75-84.

Masmoudi, S., Yaïch, C., Yamoun, M., **2005**. Evolution et morphodynamique des îles barrières et des flèches littorales associées à des embouchures microtidales dans le Sud-Est tunisien. Bulletin de l'Institut Scientifique, section Sciences de la Terre, 27, 65-81.

Masse, J.P., **1968**. Contribution à l'étude des sédiments actuels du plateau continental de la région de Dakar, Rapp. 23, Lab. Géol. Fac. Sc., Dakar, 81 p.

Matsui, N., **1998**. Estimated stocks of organic carbon in mangrove roots and sediments in Hinchinbrook Channel, Australia. Mangroves Salt Marshes, 2, 199-204.

Mazda, Y., Magi, M., Kogo, M., Hong, P.N., **1997**. Mangroves as coastal protection from waves in the Tong King delta, Vietnam. Mangroves and Salt Marshes, 1, 2, 127-135.

McKee, K.L., **1993**. Soil physicochemical patterns and mangrove species distribution- reciprocal effects. Journal of Ecol., 81, 477-487.

MEPN., **2005**. Rapport sur l'état de l'environnement au Sénégal. Rapport de synthèse, CSE, 10 p.

Merle, J., **1978**. Atlas hydrologique saisonnier de l'océan Atlantique intertropical. Trav Doc. ORSTOM, 82 p.

Mesnage, V., Ogier, S., Bally, G., Disnar, J.R., Lottier, N., Dedieu, K., Rabouille, C., Copard, Y., **2007**. Nutrient dynamics at the sediment-water interface in a Mediterranean lagoon (Thau, France): Influence of biodeposition by shellfish farming activities. Marine Environmental Research, 63, 257-277.

Mesnage, V., **1994**. L'étude de la mobilité des formes de phosphate à l'interface eau-sédiment dans des écosystèmes lagunaires. Thèse de Doctorat, Université de Montpellier I, 253 p.

Meyers, P., Lallier-Verges, E., **1999**. Lacustrine sedimentary organic matter records of Late Quaternary paleoclimates. Journal of Paleolimnology, 21, 345-372.

Michel, P., **1973**. Les bassins des fleuves Sénégal et Gambie. Etude géomorphologique. Mém. ORSTOM, Paris, 63, 752 p.

Middelburg, J.J., Nieuwenhuize, J., Slim, F.J., Ohowa, B., **1996**. Sediment biogeochemistry in an East African mangrove forest (Gazi Bay, Kenya). Biogeochemistry, 34, 133-155.

Middleton, G.V., **1976**. Hydraulic interpretation of sand size distributions. Journal of Geology, 84, 405-426.

Mikhailov, V.N., Isupova, M.V., **2008**. Hypersalinization of River Estuaries in West Africa. Water Resources and the Regime of Water Bodies, 35, 4, 387-405.

Montgomery, S., Mucci, A., Lucotte, M., **1996**. The application of in situ dialysis samplers for close Interval investigations of total dissolved mercury in interstitial waters. Water, Air and Soil Pollution 87, pp. 219-229.

Morton, R.A., Miller, T.L., Moore, L.J., **2005**. Historical shoreline changes along the US Gulf of Mexico: A summary of recent shoreline comparisons and analyses. Journal of Coastal Research, 21, 704-709.

Morton, R.A., Miller, T.L., Moore, L.J., **2004**. National assessment of shoreline change: Part 1. Historical shoreline changes and associated land loss along the U.S. Gulf of Mexico. U.S. Geological Survey, Open-file report, 1043, 42 p.

Nagelkerken, I., Blaber, S.J.M., Bouillon, S., Green, P., Haywood, M., Kirton, L.G., Meynecke, J.O., Pawlik, J., Penrose, H.M., Sasekumar, A., Somerfield, P.J., **2008**. The habitat function of mangroves for terrestrial and marine fauna: A review. Aquatic Botany, 89, 2, 155-185.

Nardari, B., **1993**. Analyse de la houle sur les côtes du Sénégal, application à la pointe de Sangomar. Rapport de stage UTIS, ISRA/ ORSTOM, Dakar, 31 p.

Ndour, A., **2006**. Evolution du littoral de Rufisque de Juin 2005 à décembre 2006. Mémoire de D.E.A. Environnements sédimentaires, F.S.T, UCAD, 99 p.

Ngami-Ntsiba-Andzou, P.E., **2007**. Evolution de la lagune de Mbodiène (Petite Côte, Sénégal) : Approche par l'analyse morpho-sédimentaire et la télédétection. Thèse de 3ème Cycle, Université Cheikh Anta Diop de Dakar, 209 p.

Niang-Diop, I., **1995**. Erosion côtière sur la Petite Côte du Sénégal à partir de l'exemple de Rufisque. Passé, présent, futur. Thèse de Doctorat Géologie, Université d'Angers, 475 p.

Nicholson, S.E., **2005**. On the question of the "recovery" of the rains in the West African Sahel. Journal of Arid Environments, 63, 3, 615-641.

Nicholson, S.E., **2000**. The nature of rainfall variability over Africa on time scales of decades to millenia. Global and Planetary Change, 26, 137-158.

Nickerson, N.H., Thibodeau, F.R., **1985**. Association between pore water sulphide and distribution of mangroves. Biogeochemistry, 1, 183-192.

Niedoroda, A.W., Swift, D.J.P., Hopkins, T.S., **1985**. The shoreface In: Coastal Sedimentary Environments, Davis R.A., Ir (Ed). 2ème ed., Springer-Verlag New York Berlin Heidelbeg Tokyo, 533-624.

Noël, H., Garbolino, E., Brauer, A., Lallier-Verges, E., De Beaulieu, J.L., Disnar, J.R., **2001**. Human impact and soil erosion since ca. 5000 years attested by the study of the sedimentary organic content, "Lac d'Annecy, The French Alpes". Journal of paleolimnology, 25, 2, 229-244.

Olivry, J.C., **1987**. Les conséquences durables de la sécheresse actuelle sur l'écoulement du fleuve Sénégal et l'hypersalinisation de la Basse-Casamance. The influence of Climate Change and Climatic variability, the Hydrologic Regime arid Water Resources (Proceedings of the Vancouver Symposium, August 1987). IAHS Publ., 168.

Otani, S., Kozuki, Y., Yamanaka, R., Sasaoka, H., Ishiyama, T., Okitsu, Y., Sakai, H., Fujiki, Y., **2010**. The role of crabs (Macrophthalmus japonicus) burrows on organic carbon cycle in estuarine tidal flat, Japan. Estuarine, Coastal and Shelf Science, 86, 434–440.

Otero, X.L., Ferreira, T.O., Vidal-Torrado, P., Macıas, F., **2006**. Spatial variation in pore water geochemistry in a mangrove system (Pai Matos island, Cananeia-Brazil). Geochemistry, 21, 2171-2186.

Pacheco, A., Ferreira, O., Williams, J.J., Garel, E., Vila-Concejo, A., Dias, J.A., **2010**. Hydrodynamics and equilibrium of a multiple-inlet system. Marine Geology, 274, 32-42.

Pagès, J., Citeau, J., **1990**. Rainfall and salinity of a sahelian estuary between 1927 and 1987. Journal of Hydrology, 113, 325-341.

Pagès, J., Debenay, J.B., **1987**. Evolution saisonnière de la salinité de la Casamance. Description et essai de modélisation, Rev. Hydrobiol. Trop., 20, 3-4, 203-218.

Pagès, J., Leung Tack, D., **1984**. L'estuaire de la Somone : physico-chimie des eaux. Rapport "Etude des mangroves et estuaires du Sénégal Saloun et Somone », 88 p., UNESCO-EPEEC, 71-89.

Paskoff, R., **1998**. La crise des plages : Pénurie de sédiments. MappeMonde, 52, 11-15.

Perry, C.T., Berkeley, A., **2009**. Intertidal substrate modification as a result of mangrove planting: Impacts of introduced mangrove species on sediment microfacies characteristics. Estuarine, Coastal and Shelf Science, 81, 225-237.

PNUE/UCC-Water/SGPRE., **2002**. Vers une gestion intégrée du littoral et du basin fluvial. Programme pilote du delta du fleuve Sénégal et de sa zone côtière, 113 p.

Rakotomavo, A., Fromard, F., **2010**. Dynamics of mangrove forests in the Mangoky River delta, Madagascar, under the influence of natural and human factors. Forest Ecology and Management, 259, 1161-1169.

Ranjan, R.K., and AL Ramanathan, G.S., **2008**. Evaluation of geochemical impact of tsunami on Pichavaram mangrove ecosystem, southeast coast of India. Environ. Geol., 55, 687-697.

Rasolofo, M.V., **1997**. Use of mangrove by traditional fishermen in Madagascar. Mangroves and Salt Marshes, 1, 4, 243-253.

Rebert, J.P., **1977**. Aperçu sur l'hydrologie du plateau continental ouest-africain de la Mauritanie à la Guinée, rapport COPACE/PACE, série 78/10, 4 p., 1 fig.

Rebert, J.P., et Prive, M., **1974**. Observations de courant au voisinage du Cap-Vert. Note sur les courants de marée. Doc. CRODT, Arch. 3.

Ren, H., Lu, H., Shen, W., Huang, C., **2009**. Sonneratia apetala Buch. Ham in the mangrove ecosystems of China: An invasive species or restoration species? Ecological Engineering, 35, 1243-1248.

Rey, J.R., Rutledge, C.R., **2002**. Mangroves. IFAS, ENY, 660, 5 p.

Ridd, P.V., Stieglitz, T., **2001**. Dry season salinity changes in arid estuaries fringed by mangroves and saltflats. Estuarine, Coastal and Shelf Science, 54, 1039-1049.

Ridd, P.V., Sam, R., **1996**. Profiling Groundwater Salt Concentrations in Mangrove Swamps and Tropical Salt. Estuarine, Coastal and Shelf Science, 43, 627-635.

Riffault, A., **1980**. Les environnements sédimentaires actuels et quaternaires du plateau continental sénégalais (sud de la presqu'île du Cap-Vert). Thèse de 3ème cycle, Université de Bordeaux I, 145 p.

Rogers, K., Wilton, K.M., Saintilan, N. **2006**. Vegetation change and surface elevation dynamics in estuarine wetlands of southeast Australia. Estuarine, Coastal and Shelf Science, 66, 559-569.

Roudaut, G., **1999**. Les relations thons-environnement dans les pêcheries de la zone Sénégal-Mauritanie. Rap. Stage. CRODT/ ISRA-IRD, Université de Perpignan, 39 p.

Ruffman, A., Meagher, L.J., Stewart, J.M.G., **1977**. Bathymétrie du talus et du plateau continenlal du Sénégal ct de la Gambie (Afrique de l'Ouest). In: Le Baffin : Levé au large du Sénégal et de la Gambie, 1, 23-38.

Saad, S., Husain, M.L., Yaacob, R., Asano, T., **1999**. Sediment accretion and variability of sedimentological characteristics of a tropical estuarine mangrove: Kemaman, Terengganu, Malaysia. Mangroves and salt marshes 3, 1, 51-58.

Saintilan, N., Hashimoto, T.R., **1999**. Mangrove-saltmarsh dynamics on a bay-head delta in the Hawkesbury River estuary, New South Wales, Australia. Hydrobiologia, 413, 95-102.

Sakho, I., Mesnage, V., Deloffre, J., Lafite, R., Niang, I., Faye, G., **2011**. The influence of natural and anthropogenic factors on mangrove dynamics over 60 years: The Somone Estuary, Senegal. Estuarine, Coastal and Shelf Science, 94, 93-101.

Sakho, I., Niang, I., Faye, G., Mesnage, V., Deloffre, J., Lafite, R., **2010**. Rôle des forçages climatiques et anthropiques sur l'évolution des écosystèmes tropicaux de mangrove : exemple de la Somone, Sénégal. Pangea, 47/48, 69-75.

Sakho, I., **2006**. Comparaison du fonctionnement hydro-sédimentaire basse slikke/haute slikke sur la vasière Nord de l'estuaire de Seine, Mémoire de Master 1, Université de Rouen, 43 p.

Sall, M.M., **1982**. Dynamique et morphogenèse actuelle au Sénégal occidental. Thèse de Doctorat d'Etat, Université Louis Pasteur de Strasbourg, 604 p.

Sam, R., and Ridd, P., **1998**. Spatial variations of groundwater salinity in a mangrove-salt system, Cocoa Creek, Australia. Mangroves and Salt Marshes, 2, 3, 121-132.

Sarnthein, M., Erlenkeuzer, M., Zahn, R., **1982**. Termination 1: the response of continental climate in the subtropics as recorded in deppsea sediments. Actes Coll. int. CNRS, Bordeaux, *Bull. IGBA,* 31, 393-407.

Schaffelke, B., Mellors, J., Duke, N.C., **2005**. Water quality in the Great Barrier Reef region: responses of mangrove, seagrass and macroalgal communities. Marine Pollution Bulletin, 51, 1-4, 279-296.

Sebag, D., **2002**. Apports de la matière Organique pour la reconstitution des paléoenvironnements holocènes de la basse vallée de Seine. Fluctuations des conditions hydrologiques locales et environnements de dépôt. Thèse de Doctorat, Université de Rouen, 356 p.

SHOM, **1997**. La marée. Les guides du Service Hydrographique et Océanographique de la Marine, 941-MOG, 75 p.

Sjöling S., Mohammed, S.M., Lyimo, T.J., Kyaruzi, J.J., **2005**. Benthic bacterial diversity and nutrient processes in mangroves: impact of deforestation. Estuarine, Coastal and Shelf Science, 63, 397-406.

Smith, S.M., and Snedaker, S.C., **1995**. Salinity responses in two populations of viviparous Rhizophora mangle L. seedlings. Biotropica, 27, 4, 435-440.

Spalding, M.D., Blasco, F., Field, C.D., **1997**. World Mangrove Atlas. International Society for Mangrove Ecosystems, Okinawa (Japan), 178 p.

Sverdrup, H.U., Johnson, M.W., Fleming, R.H., **1942**. The Oceans: Their Physics, Chemistry, and General Biology. Prentice-Hall, Englewood, NJ, 1060 p.

Sy, B.A., **2006**. L'ouverture de la Langue de Barbarie et ses conséquences. Annales de la Faculté des lettres, langues, arts et sciences humaines de Bamako, 5, Documentélectroniquehttp://www.recherchesfricaines.net/document.php?id=344.

Tessier, F., **1952**. Contribution à la stratigraphie et à la paléontologie de la partie ouest du Sénégal (Crétacé et Tertiaire). Bull. Dir. Mines AOF, 14, 2T, 571 p.

Thampanya, U., Vermaat, J.E., Sinsakul, S., Panapitukkul, N., **2006**. Coastal erosion and mangrove progradation of Southern Thailand. Estuarine, Coastal and Shelf Science, 68, 75-85.

Thibodeau, M., Gardner, L.R., Reeves, H.W., **1998**. The role of groundwater flow in controlling the spatial distribution of soil salinity and rooted macrophytes in a southeastern salt marshes, USA. Mangrove and Salt Marshes, 2, 1-13.

Thibodeau, F.R., Nickerson, N.H., **1986**. Differential oxidation of mangrove substrate by Avicennia germinans and Rhizophora mangle. American Journal of Botany, 73, 512–516.

Thom, B.G., **1982**. Mangrove ecology - A geomorphological perspective. Mangrove ecosystem in Australian National Mangrove workshop, Camberra: ANU press, 3-17.

Tomlinson, P.B., **1986**. The Botany of Mangroves. Cambridge University Press, U.K., 413 p.

Tropis, **2004**. Audit environnemental du bassin versant de la Somone. Rapport, GIRMAC, 147 p.

Turmine, V., **2001**. Les variations spatio-temporelles des marais à mangrove et de leur hydrodynamisme en Afrique de l'Ouest entre la Petite côte et la Guinée (Géomorphologie et Télédétection). Mémoire de DEA, Université Paris VII-Denis Diderot, 106 p.

Twilley, R.R., Chen, R.H., Hargis, T., **1992**. Carbon sinks in mangrove forests and their implications to the carbon budget of tropical coastal ecosystems. Water Air Soil Pollution, 64, 265-288.

Ukpong, I.E., **1997**. Vegetation and its relation to soil nutrient and salinity in the Calabar mangrove swamp, Nigeria. Mangroves Salt Marshes 1, 211-218.

Ukpong, I. E., **1995**. Mangrove soils of the Creek Town, Creek/Calabar River, South eastern Nigeria. Tropical Ecology, 36, 103-115.

Valiela, I., Bowen, J.L., York, J.K., **2001**. Mangrove forest: one of the world's most threatened major tropical environments. Biotropica, 51, 807-816.

Verney, R., Deloffre J., Brun Cottan J.C., Lafite R., **2007**. The effect of wave-induced turbulence on intertidal mudflats: impacts of boat traffic and wind. Continental Shelf Research, 27, 5, 594-612.

Vidy, G., **2000**. Estuarine and mangrove systems and the nursery concept: which is which? The case of the Sine Saloum system (Senegal). Wetlands Ecology and Management, 8, 37-51.

Vieillefon, J., **1977**. Les Sols des Mangroves et des Tannes de Basse Casamance (Sénégal): Importance du Comportement Géochimique du Soufre dans leur Pédogénèse. ORSTOM, Paris, 83, 291 p.

Viellefon, J., **1969**. La pédogénèse dans les mangroves tropicales. Un exemple de chronoséquence. In Sciences du Sol, Supl. Au Bull. Ass. Fr. Et. du Sol, ORSTOM, 114-149.

Walters, B.B., Rönnbäck, P., Kovacs, J.M., Crona, B., Hussain, S.A., Badola, R., Primavera, J.H., Barbier, E., Dahdouh-Guebas, F., **2008**. Ethnobiology, socio-economics and management of mangrove forests: A review. Aquatic Botany, 89, 2, 220-236.

Wolanski, E., **2007**. Estuarine ecohydrology. Elsevier, Amsterdam, 157 p.

Wolanski, E., **1992**. Hydrodynamics of mangrove swamps and their coastal waters. Hydrobiologia, 247, 141-161.

Woodroffe, C., **2002**. Coasts: Form, Process and evolution. Cambridge University Press, 623 p.

Woodroffe, C., **1992**. Mangrove sediments and geomorphology. In: Robertson, A., Alongi, D. (Eds.), Tropical Mangrove Ecosystems: Coastal and Estuarine Studies 41. American Geophysical Union, Washington DC, 7-41.

Yanagisawa, H., Koshimura, S., Goto, K., Miyagi, T., Imamura, F., Ruangrassamee, A., Tanavud, C., **2009**. The reduction effects of mangrove forest on a tsunami based on field surveys at Pakarang Cape, Thailand and numerical analysis. Estuarine, Coastal and Shelf Science, 81, 27-37.

Yuhi, M., Hayakawa, K., **2007**. Long-Term Field Observation on Sand Bar Migration near Tedori River Mouth, Japan. Journal of Coastal Research, 50, 693-699.

Zharikov, Y., Skilleter, G.A., Loneragan, N.R., **2005**. Mapping and characterising subtropical estuarine landscapes using aerial photography and GIS for potential application in wildlife conservation and management. Elsevier, Biological Conservation, 125, 87-100.

Table des Illustrations

Figure 1 : Distribution mondiale et richesse spécifique de la mangrove (D'après Tomlinson, 1986) 20
Figure 2 : Photographie de *Rhizophora* et *Avicennia* (Somone, janvier 2011). 22
Figure 3. Types de mangrove en relation avec les processus physiques dominants (d'après Woodroffe, 2002) 26
Figure 4 : Carte géologique de la presqu'île du Cap-Vert (d'après Ducasse *et al.*, 1978) 28
Figure 5 : Couverture sédimentaire marine de la Petite Côte du Sénégal (d'après Turmine, 2001) 30
Figure 6 : Variations saisonnières des courants généraux sur le littoral ouest-africaine (d'après SHOM, 1981, in Cormier-Salem, 1999) 32
Figure 7 : Flux atmosphériques et migration saisonnière de la zone de convergence intertropicale en Afrique de l'Ouest (d'après Turmine, 2001). 34
Figure 8 : Localisation du site d'étude : A = bassin versant, B = estuaire-lagune (situation en 2006) 38
Figure 9 : Cumul mensuel de la pluviométrie et moyenne mensuelle de la température, de l'humidité relative (2007, 2008 et 2009) et de l'évaporation (uniquement en 2007) (station de Mbour) 40
Figure 10 : Planning des travaux de recherche 50
Figure 11 : Localisation spatiale des trois sites ateliers (flèche sableuse, vasière et radiale) 51
Figure 12 : Répartition spatiale des points d'échantillonnage (mai 2008 et novembre 2009) 52
Figure 13 : Position des profils topographiques sur la flèche sableuse : 54
Figure 14 : Technique de mesures altimétriques par le dispositif des piquets : les points de couleur verte représentent les 6 stations de mesures ; la photo de droite est une illustration de la disposition des piquets sous la forme d'un triangle. 55
Figure 15 : Photographie de l'Altimètre (ALTUS) : A. principaux composants / B. vue sur son bâti sur la vasière de l'estuaire de la Somone. 56
Figure 16 : Variations de la température de l'eau, de la hauteur d'eau et de la topographie à la surface de la vasière intertidale de la Somone 58

Figure 17 : Stations de mesures physico-chimiques selon un gradient longitudinal aval – amont 60
Figure 18 : Dispositif de carottage sur le tanne de l'estuaire de la Somone : (A) pendant le carottage / (B) après carottage 61
Figure 19 : Dispositif d'un dialyseur 64
Figure 20 : Modèle de numérisation des objets 67
Figure 21 : Principe du Rock-Eval (RE6) et calcul des paramètres (Lafargue et al., 1998) 69
Figure 22 : Profils de concentrations des eaux interstitielles en ions majeurs (août 2008) 76
Figure 23 : Cumuls annuels des pluies normalisés et tendances (régression polynomiale locale non paramétrique, Loess) de 1931 à 2009 : Loess 100 % (trait continu) et Loess 20 % (pointillés). 85
Figure 24. Cartographie de l'évolution spatio-temporelle des unités morphologiques de l'écosystème de la Somone (1946 – 2006) 87
Figure 25 : Principaux travaux scientifiques sur la mobilité du trait de côte au Sénégal (d'après Faye, 2010) 121
Figure 26 : Cellules hydrosédimentaires sur le littoral de la Somone. Les flèches indiquent le sens du transit sédimentaire. 124
Figure 27 : Régimes mensuels des vents sur la partie occidentale du Sénégal en 2008 (Janicot, communication personnelle, 2011) 125
Figure 28 : Directions des vents enregistrées en 2008 à la station de Mbour. 126
Figure 29 : Vitesses instantanées de vent à 9h, 12h, 15h et 18h (station de Mbour) 127
Figure 30 : Mouvements verticaux inter-mensuels sur le profil N°1 de la flèche sableuse 129
Figure 31 : Mouvements verticaux inter-mensuels du profil N°2 de la flèche sableuse 131
Figure 32 : Mouvements verticaux inter-mensuels sur le profil N°3 de la flèche sableuse 133
Figure 33 : Mouvements verticaux inter-mensuels sur le profil N°4 de la flèche sableuse 135

Figure 34 : Mouvements verticaux inter-mensuels sur le profil N°5 de plage 137
Figure 35 : photographie du profil N°5 138
Figure 36 : Granulométrie et teneur en carbonates des sédiments de l'estran au niveau des profils P1, P2, P3, P4 et P5, en saison sèche (décembre 2008) et en saison humide (juillet 2008). 140
Figure 37 : Analyse microscopique comparée des sédiments de l'estran. A. saison humide (juillet 2008) et B. saison sèche (décembre 2008) 141
Figure 38: Répartion des carbonates sur la Petite Côte (d'après Barusseau, 1984) 142
Figure 39 : Schéma du cycle sédimentaire au niveau de l'embouchure de la Somone : A. phase d'érosion / B. & C. phase d'engraissement. 145
Figure 40 : Evolution temporelle du littoral de la Somone 148
Figure 41 : Représentation du modèle de mesure des indicateurs morphologiques 149
Figure 42 : Synthèse de l'évolution temporelle des indices morphologiques sur la flèche sableuse 151
Figure 43 : Vitesses moyennes mensuelles de vent à 9h, 12h, 15h et 18h (Station de Mbour) 151
Figure 44 : Dynamique interannuelle de l'embouchure de la Somone entre 1954 et 2006 153
Figure 45 : Photographies (A1, B1) et cartographies (A2, B2) diachroniques (1974 et 2006) de l'embouchure de la Somone 154
Figure 46 : Variations de la température de l'eau en saison sèche et en saison humide : A. août 2009 (saison humide) et B. janvier 2010 (saison sèche)..... 164
Figure 47 : Evolution saisonnière de la salinité de l'estuaire de la Somone (les mesures sont faites à marée haute) : A. janvier 2008 (saison sèche), B. juillet 2009 (saison humide), C. août 2009 (saison humide) et D. novembre 2009 (fin saison humide). 165
Figure 48 : Cumuls pluviométriques mensuels en 2007, 2008 et 2009 enregistrés à la station de Mbour 166
Figure 49 : Gradient de salinité de l'estuaire : A. janv. 2008, B. janv. 2010 ... 167

Figure 50 : Cumuls pluviométriques annuels en 2007, 2008 et 2009 (Station de Mbour) 168

Figure 51. Classification de l'estuaire de la Somone par rapport aux estuaires du domaine des Rivières du Sud (Bertrand, 1999, adapté) 169

Figure 52 : Variations du pH suivant un gradient aval – amont : A. Août 2009 et B. Janvier 2010 170

Figure 53 : Carte de la médiane des sédiments de l'écosystème de la Somone (saison sèche 2008) 171

Figure 54 : Courbes granulométriques des échantillons de sédiment sur les 3 sites ateliers (saison sèche 2008) 172

Figure 55 : Cartes sédimentaires de l'écosystème de la Somone (Saison sèche 2008) : A. sable très grossier (STG) et sable grossier (SG), B. sable moyen (SM), C. sable fin (SF), D. sable très fin (STF), E. silto-argileux. 174

Figure 56 : Evolution saisonnière de la granulométrie des sédiments de l'écosystème de la Somone 175

Figure 57 : Répartition spatiale de la fraction silto-argileuse dans l'écosystème : (A) saison sèche 2008, (B) saison humide 2009 176

Figure 58 : Evolution temporelle de la topographie des vasières de la Somone (V = vasière / L = lagune, 1, 2, 3 = N° de la station, V1, V2, V3, L1, L2, L3 = nom des stations. B. Sur la vasière : V1 = station près du chenal, V2 = station près de l'altimètre ALTUS et V3 = dans la mangrove, A. dans la lagune. 177

Figure 59 : Variations topographiques à haute fréquence (B&C) à la surface de la vasière (enregistrées par l'altimètre) couplées avec les variations obtenues par la technique des piquets (A) (dispositif implanté à proximité de l'altimètre). Les variations topographiques hautes fréquences sont positionnées par rapport aux variations basses fréquences sur la station N°2 présentées sur la figure 37). 179

Figure 60: Variations topographiques en relation avec l'évolution des vitesses de vent. A. à l'échelle du cycle vives-eau/mortes-eau, B. à l'échelle du cycle pleine mer/basse mer 181

Figure 61 : Variations de la température (A), du pH (B) et de l'Eh (C) en fonction de la profondeur du sédiment sur la vasière de la Somone en saison sèche (en jaune) et en saison humide (en vert) 184

Figure 62 : faciès ionique et teneur en carbone organique dissous des eaux intertstielles obtenus par la technique des dialyseurs avec l'équilibration à 11 jours. 186

LISTE DES TABLEAUX

Tableau 1 : Débit (Q) saisonnier de la rivière de Somone (Source : DGPRE) . 41

Tableau 2 : Le set de données de télédétection 65

Tableau 3 : Volumes mensuels (en m^3 par mètre linéaire de plage) des mouvements verticaux sur les profils : fond gris = saison des pluies, / fond blanc = saison sèche, / fond noir = bilan annuel. 138

Tableau 4 : Résultats des indices morphologiques sur la flèche sableuse entre 1946 et 2006 150

Oui, je veux morebooks!

i want morebooks!

Buy your books fast and straightforward online - at one of world's fastest growing online book stores! Environmentally sound due to Print-on-Demand technologies.

Buy your books online at
www.get-morebooks.com

Achetez vos livres en ligne, vite et bien, sur l'une des librairies en ligne les plus performantes au monde!
En protégeant nos ressources et notre environnement grâce à l'impression à la demande.

La librairie en ligne pour acheter plus vite
www.morebooks.fr

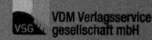 VDM Verlagsservicegesellschaft mbH
Heinrich-Böcking-Str. 6-8
D - 66121 Saarbrücken

Telefon: +49 681 3720 174
Telefax: +49 681 3720 1749

info@vdm-vsg.de
www.vdm-vsg.de

Printed by Books on Demand GmbH, Norderstedt / Germany